KB121054

우리 아이를 위한
첫 심리학 공부

우리 아이를 위한 첫 심리학 공부

시시각각 변하는
우리 아이 마음,
심리학이 답하다!

이경민 지음

MIXCOFFEE

아이의 문제가 더 이상
문제되지 않기를 바라며

"문제 있는 아이에게는 문제의 부모가 있다."

　일상생활과 교육 현장에서 의외로 자주 듣게 되는 말입니다. 부모 입장에서는 가장 듣기 불편한 말이기도 하죠. 그 불편감은 어쩌면 '문제'에 해당하는 사람이 내가 될 수도 있다는 두려움에서 비롯된 것일지 모릅니다. 집에서는 보석 같았던 아이가 어린이집에서 그동안 몰랐던 기질을 발현해 부모를 당황하게 만들기도 하고, 감정과 의사 표현에 익숙하지 않아 친구들과 갈등을 빚기도 합니다. 아이가 다수에 해당하는 평균적인 행동 범위에서 조금이라도 벗어난 모습을 보이면 '문제'가 있다고 낙인찍히기도 하죠.

"10반에 그 애 있지, 우울증이래. 약 먹는다면서?"

"작년에 그 아이 ADHD였다면서? 내가 그럴 줄 알았다니까."

"아이가 집중력이 좋다고 엄마가 그렇게 자랑하더니 자폐였다면서?"

"옆 동의 그 아이, 지난번에 자살 기도했다며? 엄마는 뭐했다니?"

아이의 다양한 증상 발현 양상은 '문제'라는 말로 치부되며 입방아에 오르내리곤 합니다. 이러한 말이 돌고 돌아 눈덩이처럼 커지면 아이와 부모에게는 씻을 수 없는 상처가 됩니다. 그러한 이유로 저는 상담 현장에서 '문제'라는 말을 쉽게 입에 담지 않습니다. 문제라고 말하는 순간 직면해서 다뤄야 할 주제가 아닌, 드러내고 싶지 않은 치부로 느껴질 수 있기 때문입니다.

아이의 마음을 다루는 모든 전문가가 그런 건 아니지만 종종 아이가 심리적으로 어려움을 느끼는 것은 양육자의 태도, 언어 방식, 행동이 문제이기 때문이라고 하곤 합니다. 그런 말을 하지 않아도 아이의 부모는 이미 큰 죄책감을 안고 있습니다. 전문가의 입에서 양육자가 문제라는 말이 나오는 순간, 양육자는 지나치게 비판적이고 가치 판단적인 자세로 스스로를 바라보게 됩니다. 죄책감이라는 감정에 사로잡혀 상황을 개선할 의지마저 꺾일 수 있습니다.

과거의 실수를 지적하고, 그때 그 행동이 문제라고 지적한다고 한들 현재의 상황이 바뀌는 것은 아닙니다. 인간에게는 과거를 바꿀 수 있는 힘이 없습니다. 우리가 할 수 있는 일은 미래를 위해 현재에 머무르며 아이가 건강하게 성장할 수 있도록 노력하는 것뿐입니다. 과거에 발목 잡혀선 미래로 나아갈 수 없습니다. 나와 아이의 건강한 성장을 위해 필요한 첫 번째 과정은 비난이 아닌, 상황을 있는 그대로 받아들이고 그러한 말과 행동을 하게 된 원인을 찾는 것입니다. 아이를 양육한 과정을 있는 그대로 바라보는 것이 올바른 시작점입니다.

첫아이가 태어나고 이어서 둘째아이가 태어났습니다. 저는 엄마이기에 다니던 직장을 그만두고 두 아이 양육에 집중해야 했죠. 야근에 회식에 남편은 바빴고, 아무리 배우자가 도움을 준다고 해도 살림과 육아는 오롯이 엄마인 제 몫이 되었습니다. 집 안을 치우고, 끼니를 준비하고, 엄마표 교육을 실천하는 등 수년간 독박육아에 시달리면서 아이들과 전쟁 아닌 전쟁을 치렀습니다. 각종 육아 서적과 전문가의 동영상 강연은 도움이 되지 않았습니다. 현실과 동떨어진 내용이 많아 '애를 자기 손으로 키워보기는 하고 저런 말을 하는 건가?' 하는 생각이 들기도 했죠.

예를 들어 아이에게 나긋하게, 상냥하게 말하면 좋다는 사실을 모르는 부모는 없을 것입니다. 소리 지르지 말고 자신의 의견을 아이에게 조곤조곤 전달하면 좋다기에 그렇게 하려고 노력도 했습니다. 소리 지르지 말고 나긋하고 상냥하게 말하자고 다짐하는 그 순간, 아이가 까불다 식탁에서 우유가 든 컵을 떨어뜨립니다. 예전에 정신이 없어 대충 닦았다가 우유 썩은 냄새로 고생한 기억이 있어

이번에는 온 힘을 다해 물걸레질을 합니다. 아이를 지도하는 목소리엔 자연스럽게 짜증과 화가 실립니다.

아이는 아이이기 때문에 때때로 강한 어조로 지도하지 않으면 말을 듣지 않습니다. 상황을 모르는 전문가는 부모의 소통 방식에 문제가 있다고 탓하기만 합니다. 어떤 육아 서적에서는 사춘기 아이가 방황하는 이유가 부모의 소통 방식에 문제가 있어서라고 합니다. 육아에 전념하는 동안 이성적인 사고가 가능한 성인 어른과의 대화는 배우자, 원가족, 그리고 유치원 선생님, 학부모와의 대화가 전부였습니다. 그렇게 10여 년 이상 양육 현장에서 말귀를 알아듣지 못하는 아이들과 고군분투한 양육자에게, 당신의 말투와 태도가 문제라고 비난합니다.

아이가 말귀를 알아듣는 나이가 된다고 해서 문제가 해결되는 것은 아닙니다. 아이가 사춘기를 맞이하면 상황은 더욱 악화됩니다. 아침부터 기껏 상을 차렸더니, 아이는 눈을 뜨는 동시에 짜증을 내며 밥도 안 먹고 학교로 갑니다. 그나마 라디오로 들려오는 '아들이 비가 오는데 우비도 안 입고 자전거를 타고 등교해서 속이 터집니다.' 하는 한 어머니의 사연을 듣고 위안 삼습니다. '아, 나만 힘든 게 아니구나. 이 땅의 모든 엄마들이 비슷한 고충과 고민을 안고 있구나.'라고 생각하면서요.

집집마다 사연은 제각각입니다. 양육 과정에서 경험하는 고충과 괴로움도 조금씩 다릅니다. 다만 한 가지 공통된 사실은 아이를 생각하는 부모의 마음은 진심이라는 점입니다. 자식을 키우다 보면 부모로서 이상적인 양육 방식을 실천하기 어려운 상황이 자주 벌어집니다. 직장에서 일어난 일, 피곤한 몸 상태 등 다양한 이유로 부모도 때때로 평소와 다른 모습을 보입니다. 아이와의 갈등이 증폭되기도 하고, 다른 곳에서 생긴 갈등의 불똥이 아이에게 튀기도 합니다.

아이가 학교에서 갈등을 경험하거나 부모와의 관계에서 어려움을 겪는다고 해도, 그것을 모두 부모의 문제로 돌릴 수는 없습니다. 만일 자녀에게 미안한 마음, 죄책감을 느끼고 있다면 일단 그 마음에서 벗어나세요. 물론 스스로 자존감이 견고해 외부 환경에 쉽게 흔들리지 않는다며 자부하는 분도 있겠죠. 하지만 아무리 자존감이 탄탄한 사람일지라도 '내손내육(내 손으로 내 아이 직접 키우기)'을 실천하는 과정에서 얼마든지 한순간에 무너질 수 있습니다. 특히 이유도 명확히 알 수 없는 사춘기 아이의 짜증을 받아내다 보면, 자존감이라는 게 처음부터 존재하지 않았던 것처럼 느껴집니다.

그럼에도 다시 한번 우리가 힘을 내 아이에게 집중해야 하는 이유는 아이가 느끼는 심리적 어려움을 가장 잘 느끼고 알아챌 수 있는 사람이 바로 부모이기 때문입니다. 문제의 뿌리가 부모에게 있기 때문이 아니라, 가장 확실하고 효과적으로 도움을 줄 수 있는 사람이 부모이기 때문입니다. 부모와 자녀는 감정의 끈이 탯줄처럼 엮여 있는 관계입니다. 지금 필요한 것은 문제를 찾아 해결하려는 자세가 아닌, 아이와 연결된 보이지 않는 감정의 끈을 통해 아이의 마음을 새롭게 발견하고 탐구하는 탐험가의 자세일 것입니다. 세상 그 누구도 정복한 적이 없는 미지의 세계를 탐험하고, 그 안에서 아이와 함께 성장하는 것이 바로 부모의 역할일지 모릅니다.

　자녀와 어려움을 겪고 있나요? 괜찮습니다. 어머니의 탓도, 아버지의 책임도 아닙니다. 그러한 경험은 혼자만의 어려움이 아닙니다. 이웃집에서도, 아니 대부분의 부모가 함께 겪는 어려움입니다.

　양육에 관한 도서가 시중에 이미 많은데도 이 책을 집필한 이유는 두 아이를 키우는 과정에서 강연과 상담실에서만 활용하던 심리이론이 양육에 큰 도움이 된다는 사실을 깨달았기 때문입니다. 지금부터 소개할 다양한 심리이론을 실제 육아와 자녀 교육에 적용해보세요. 이 책이 부모와 자녀가 정서적으로 교감하고 함께 성장하는 계기가 되길 바랍니다.

　이제 보다 넓은 시야로 아이를 다시 바라봐야 할 시간입니다. 어떤 아이로 키우고 싶으신가요? 그리고 어떤 부모가 되고 싶으신가요? 이 책과 함께하는 동안 끊임없이 고민해봐야 할 주제입니다. 이제 그 고민의 첫 장을 시작합니다.

이경민

차
례

1장
멈추어 바라보기

2장
부모와 자녀로부터 독립하기

3장
아름다운 거리 유지하기

4장
자녀와 더불어 성장하기

5장
행복한 삶 완성하기

1장

멈추어 바라보기

아이에게 무엇이 결여되었는지를 보는 게 아니라,
아이에게 무엇이 있는지를 찾아내는 것이 부모의 역할이다.

_대럴드 트레퍼트

 ✦ 여는 글

'그대 오늘 하루는 어땠나요. 아무렇지도 않았나요.
혹시 후회하고 있진 않나요.'

　실패와 좌절로 힘들 때 가수 이현우의 〈헤어진 다음 날〉은 이별
에 관한 노래임에도 큰 위로로 다가옵니다. 그리고 우리는 대답합
니다. '힘들었습니다. 그것도 아주 많이요. 매번 그렇듯 오늘도 후
회했습니다.'라고 말이죠.
　반복되는 후회와 자책 속에서 우리를 가장 힘들게 하는 것은 무
거운 추가 달린 것처럼 마음이 자꾸 가라앉는 일입니다. 무엇이 그
추를 당기는지 알 수 있다면 연결고리를 끊어낼 텐데 그러지 못하

니 답답합니다. 보이지 않지만 강하게 잡아당기는 그 힘은 어쩌면 내 아이에 대한 불안감, 조급함, 기대감, 배신감이 응축된 '콤플렉스(Complex)'에서 기인한 것일지 모릅니다. 아이를 보고 있자니 예전에는 보이지 않았던 단점들이 더 많이, 더 자주 눈에 들어옵니다. '이대로 괜찮은 걸까?' '저건 고쳐야 하지 않을까?' 걱정은 점점 쌓여갑니다.

'아이에게 왜 그렇게 짜증을 냈던 걸까?' 내 마음에 동요를 일으킨 감정을 따라가다 보면 아이를 혼내야만 했던 여러 이유가 떠오릅니다. 하지만 더 깊은 곳까지 내려가면 아이의 잘못된 행동이 아닌, 엄마인 '나'의 감정이 원인이었을지 모른다는 사실과 마주합니다. 그 순간 통찰의 순간이 번쩍 다가옵니다.

지금이라도 멈추어 내 감정과 마주해야 합니다. 부모의 감정, 아이를 양육하는 태도, 가족과 주고받는 의사소통의 패턴, 세상을 바라보는 관점 등 수많은 요인이 자녀에게 영향을 미치고 있습니다. 부모는 이렇게 다양한 부분에서 자녀에게 영향을 미치고, 그러한 요소가 쌓여 자녀의 성장과 행복에 관여합니다. 심리적인 어려움을 줄여나가기 위해 이러한 요인과 마주하는 것, 바라보는 것에서부터 이야기를 시작하고자 합니다.

탈융합: 갇혀진 틀에서
벗어나 바라보다

　　아이와의 관계에서 어려움을 겪고 있다면 그 복잡한 감정의 응어리를 덜어내기 위한 시작점은 '나'를 있는 그대로 바라보는 것입니다. 그런데 이 과정이 말처럼 쉽지 않습니다. 엄마들은 가족에게 헌신하는 과정에서 자신의 존재가 흐릿해지는 것 같다고 이야기합니다. '나'에 대해 생각하는 것이 익숙하지 않고 그 방법조차 잊은 것 같다고 말합니다.

　　내면의 자신과 조우하도록 돕는 여러 상담 프로그램에서 빼놓지 않고 진행하는 과정이 있습니다. 바로 '별명 짓기'입니다. 실제로 관련 상담과 수업에서 이름 대신 자신이 정한 별칭으로 서로를 부르는 미션이 주어집니다. 재미 삼아 하는 것처럼 보일 수 있지만 이

활동은 탈융합 과정의 첫 단계라고 할 수 있습니다.

우리는 출생 후 지금까지 정해진 이름으로 불리게 됩니다. 이름이라고 하는 이 언어에는 '나'에 대한 많은 의미들이 고착화되어 있습니다. 언어가 지닌 힘이 의심된다면 '레몬'이라고 외쳐봅시다. 레몬을 떠올리는 것만으로 입속에 침이 고이기 시작합니다. 단지 레몬이라는 단어를 말했을 뿐인데 우리가 이전에 경험했던 많은 기억이 융합되어 나타납니다.

이번에는 '레몬'이라는 단어를 5번 반복해서 말해봅시다. 특정 단어를 반복하면 해당 단어가 불러일으키는 이미지(예를 들어 레몬 하면 떠오르는 노랗고 시큼한 느낌)가 사라지는 것을 경험할 수 있습니다. 이 과정을 제3세대 인지행동치료 이론인 '수용전념치료 (ACT; Acceptance and Commitment Therapy)'에서는 '탈융합화'라고 합니다.

우리가 그동안 불려왔던 이름에서 벗어나 새로운 별명으로 자신을 부르는 행위는, 의도적으로 자신을 낯설게 바라보기 위한 행동의 일환입니다. 내면의 나와 만나는 첫걸음이라 할 수 있죠.

이제 다시 자신의 이름으로 돌아옵니다. 이름을 불러봅니다. 그리고 그 안에 담겨 있는 의미를 떠올립니다. 나에게 주어진 역할, 사회적 지위, 가족관계가 떠오를 것입니다. 이어서 다시 5번 이름을 반복해서 불러봅니다. 앞서 떠오른 어떠한 의미와 이미지에서 벗어나 글자 하나하나를 그냥 천천히 반복해 불러봅니다.

현재 어떠한 이름으로 불리고 있나요? 택배 받을 때를 제외하고 이름 석 자를 쓰는 일이 있나요? 직책이나 직위, 특정한 호칭으로 더 자주 불리지는 않나요? 다양한 상황에서 불렸던 이름, 그것에 부여되었던 역할과 가치가 있다면 무엇인가요? 그러한 생각에 잠시 머물러봅시다.

이제 그 이름에서 벗어나 새로운 이름을 지어줍니다. 이름은 태어난 순간부터 내가 선택한 것이 아닌 주어진 것입니다. 내가 원하는 방식이 아닌 나에게 주어진 방향인 것입니다. 그 이름에서 벗어나 오늘부터 불리고 싶은 별칭이 있다면 무엇인가요?

사실 이 과정은 어린아이에게나 성인에게나 쉽지만은 않습니다. 나 자신과 이름이 너무 단단하게 연결되어 분리하기 어렵기 때문입니다. 자녀와 나의 관계도 마찬가지입니다. 아이를 키우다 보면 때로는 내가 아이인지, 아이가 나인지 뒤엉켜버릴 때가 있습니다. 그렇게 되면 갈등이나 심리적 어려움을 해결할 수 없게 됩니다. 온전한 나 자신과 마주할 수 없으니까요.

나를 표현할 수 있는 별명은 무엇인가요? 그 별명을 만든 이유가 무언인지 떠올려봅시다. 대개 내가 좋아하는 것, 내가 추구하는 어떠한 것을 바탕으로 별명을 짓곤 합니다. 그래서 내가 좋

아하는 것이 무엇인지, 내가 추구하는 행복이 무엇인지 모르는
사람은 별명을 짓는 일에 애를 먹습니다. 실제로 초등학교 아이
들은 대부분 자신이 좋아하는 게임 속 캐릭터나 연예인의 이름
을 이용해 별명을 짓곤 합니다.

별칭을 통해 나의 생각과 좋아하는 것, 관심사 등을 알 수 있습
니다. 이 과정을 아이들과 함께 해보세요. '엄마' '아빠'로 부르
는 것도 좋지만 때때로 서로를 별명으로 부르는 것도 관계에 큰
도움이 됩니다. 별명 짓기는 서로 간의 관계를 재정립하고 탈중
심화의 노력을 기울일 수 있는 좋은 방법입니다.

어릴 때 별명으로 불렸던 기억이 있으신가요? 대개 초등학생 시절에는 별명으로 서로를 부르곤 하는데요. 마음에 들지 않는 싫은 별명도 있겠지만 듣기 좋은 그리운 별명도 있을 것입니다. 가정에서 아이를 부를 때 어떻게 부르시나요? 막연하게 '아가'나 '똥강아지'로 부르시나요?

만일 특별한 칭호가 없다면 집에서 애정을 담아 부를 수 있는 별명을 하나씩 지어보는 건 어떨까요? 그리고 애정을 표현할 때 그 별명을 활용해보세요. "아이고, 예쁜 내 똥강아지!" "아빠는 내 아가가 무척 자랑스럽다." 하고 말이죠. 반대로 아이를 훈육할 때도 별명을 사용해보세요. 분위기가 상당히 부드러워질 것입니다.

많은 부모가 평소에는 성을 떼고 'ㅇㅇ아' 이렇게 이름을 부르다가 아이를 혼내는 상황이 되면 이름 석 자를 또박또박 부르곤 합니다. 이러한 상황이 반복되면 나중에는 부모가 이름만 불러도 아이의 마음이 부정적으로 반응할 수 있어요. 아이에 대한 사랑을 표현할 때나 사랑의 마음을 담아 훈육할 때 동일한 이름으로 호명해, 한결같은 부모의 사랑을 느낄 수 있도록 해주세요.

우리 아이에게 어울리는 별명을 지어보세요.

1. _____

2. _____

3. _____

타인의 시선으로
'나'를 마주하다

　　　　서울의 한 고등학교에서 심리학 수업을 맡게
되어 가벼운 마음으로 교직원 회의에 참석한 적이 있습니다. 그런
데 그날 동료 교직원들이 갑자기 간단히 자기소개를 해달라고 요
청하더라고요. 수업 첫 시간에도 제 소개는 최대한 간략하게 쓰윽
넘기는 편이었기에 매우 긴장되었습니다. 성인이 되고 엄마가 된
이후의 '나'를 소개하는 경험은 그만큼 낯설고 희귀한 경험이었습
니다. 그날 이후 내가 바라보는 나는 어떤 모습인지 진지하게 고민
하게 되었습니다.

　나를 소개한다는 것은 누구에게나 편치 않은 과정입니다. 그런
데 관련 집단상담 프로그램을 구성할 때 빼놓지 않고 포함되는 것

이 바로 '자기소개'입니다. 이때 중요한 것은 자기 자신을 3인칭 시점에서 소개하는 것입니다. 자신을 소개할 타인을 한 명 정해서 그 사람의 입장이 되어 '나'를 소개하는 것입니다. 예를 들어 남편의 입장이 되어 아내인 나를 소개하거나, 딸의 입장이 되어 엄마인 나를 소개하는 것이죠.

흥미로운 부분은 나를 묘사할 대상으로 어떤 사람을 설정하느냐에 따라 자신도 몰랐던 인정받고 싶은 마음이 표출된다는 것입니다. 아내가, 남편이, 아이가, 부모가 또는 오랜 친구가 자신을 인정해주길 바랍니다. 이 과정에서 우리는 다시 한번 탈융합을 경험합니다. 내가 바라보는 '나'가 아닌 의미 있는 타인의 시선에서 바라본 '나'와 새롭게 만나게 되죠. 이 과정에서 나의 내면세계에 담겨 있던 무의식이 드러납니다.

부모를 위한 심리 가이드

성인이 된 후에 어쩌면 우리는 정해진 틀 안에서만 세상을 바라보게 되었는지도 모릅니다. 그러다 보니 학창 시절 학기 초마다 빠짐없이 해왔던 자기소개가 이제는 버겁게 느껴집니다. 자기소개가 어렵게 느껴진다면 한 번씩 '나'를 스스로에게 소개해보세요. 가족 구성원은 어떠하고, 나이는 어떠하고, 직업은 무엇이고 등 어떠한 내용이라도 좋습니다. 성격적 특성도 좋고, 무엇을 좋아하고 싫어하는지, 더 나아가 생각이나 다짐까지도 찾아내어 표현할 수 있다면 더욱 좋겠죠. 이러한 과정이 낯설다면 그냥 내가 좋아하는 것을 나열해도 좋습니다.

예를 들어 저는 밥보다는 빵, 떡, 과자를 좋아합니다. 초콜릿을 매우 좋아했는데 요즘에는 예전만큼 좋지 않더라고요. 야채를 좋아하긴 하지만 고기를 먹을 때는 쌈을 싸먹지 않고 따로 먹기를 좋아합니다. 무엇이든 섞여 있는 것은 별로 좋아하지 않아요. 그래서 비빔밥, 만두소에 매력을 느껴본 적이 없네요. 소고기보다는 돼지고기를, 돼지고기보다는 닭고기를 좋아합니다. 운동은 별로 좋아하지 않지만 요가는 수련의 한 부분이라 생각하고 열심히 하고 있습니다. 하루 중 가장 좋아하는 시간은 아침입니다. 등교할 때, 출근할 때 느껴지는 상쾌한 아침 공기를 좋아합니다.

사실 가볍게 생각하면 어려운 것이 없습니다. 아주 작고 사소한 것들이 모여 '나'를 설명해주고 있으니까요. 가족이 좋아하는 것이 아니라 내가 좋아하는 것을 하나씩 떠올려보세요. 점차 나의 마음과 생각을 알아차리고 발견하고 표현하는 과정이 쉬워질 것입니다.

누군가 나를 소개한다고 생각해봅시다. 누가 당신을 소개해주길 바라나요? 상대가 당신을 어떻게 떠올리고 소개할지 상상해봅시다. 정해둔 별명이 있다면 함께 활용해도 좋습니다.

> A를 소개합니다. A는 어릴 때부터 크게 말썽 부리는 일 없이 바르게 자랐습니다. 둘째로 태어나 애교도 많고 기쁨을 주는 아이였습니다. 딸만 둘인 집안이라, 혹여나 아들이길 바라는 어른들의 잘못된 통념이 전달될까 싶어 늘 '너 없으면 무슨 재미로 살겠어.' '네가 있어 항상 고맙다.'라는 표현을 자주 하며 키웠습니다. 기대와 바람대로 독립적이고 씩씩하게 잘 자랐고 시집도 가고 아이도 낳아 잘 살고 있습니다. 아이를 키우느라 회사를 그만둔다고 할 때, 도움을 주지 못해서 내내 미안한 마음이 들었어요. 이제는 자신의 목표를 조금씩 달성하는 것 같아서 매우 기쁩니다. '자랑스럽다.' '정말 잘했다.' '사랑한다.'라고 표현한 적이 별로 없어 미안한 마음도 듭니다. 이번 기회에 그 마음이 꼭 전달되면 좋겠습니다.

가상의 인물 A가 친정어머니 입장이 되어 기술한 '자기소개'입니다. 자기소개를 진행하면 대개 자신을 인정하고 이해해주길 바라는 마음이 대상의 관점에 투영되곤 합니다. 그 과정에서 마음속 깊은 곳의 상처나 열등감이 표출되기도 하죠. 아이들 역시 마찬가지입니다. 이 과정을 통해 무의식적으로 억누르고 있던 표현을 표출하는 등 갈등의 실마리를 찾기도 합니다. 이번 기회에 자녀와 함께 서로를 상대의 입장에서 소개해보면 어떨까요? 그동안 몰랐던 마음을 발견하는 시간이 될 것입니다.

자녀의 입장이 되어서 '나'를 소개해보세요.

_____

_____

_____

_____

_____

_____

_____

_____

_____

_____

_____

MBTI로 바라본
너와 나

최근 몇 년 사이 'MBTI(Myers-Briggs Type Indicator)'가 선풍적인 인기를 끌고 있습니다. 과거에는 혈액형에 따라 상대방의 성격과 성향을 유추하곤 했는데요. 부모 세대라면 "A형은 성격이 다소 소심하다.""B형 남자는 나쁜 남자다." 하는 이야기를 들어본 기억이 있을 겁니다. 요즘 아이들은 이 '혈액형 성격설' 대신 MBTI로 상대를 파악하고 행동양식을 유추합니다.

자신의 혈액형을 모르는 사람이 없듯이 자신의 MBTI 유형을 모르는 학생이 거의 없더라고요. 심지어 새 학기가 되면 아이들이 먼저 다가와 "선생님, MBTI 알려주실 수 있나요?"라고 물어볼 정도입니다. 기업들도 마케팅에 MBTI를 적극적으로 활용하면서 이와 같은 열풍에 기름을 붓고 있습니다. 금융권에선 질문 몇 가지로 MBTI를 구분해 맞춤 상품을 추천하기도 하고, 방송계에선 MBTI로 출연진을 구분해 콘텐츠를 제작하기도 합니다. 그런데 영문 네 글자로 이뤄진 MBTI 유형에 따른 특징과 그 내밀한 의미에 대해 깊이 있게 아는 경우는 그리 많지 않더라고요. MBTI는 무엇이고 과연 어떤 검사일까요?

MBTI는 칼 융(Carl Jung)의 심리유형론에 뿌리를 두고 있습니다. 그는 일반적인 태도를 바탕으로 심리적 경향성을 내향성과 외향성으로 구분했으며, 정신기능을 바탕으로 감각과 직관, 사고와 감정으로 구분해 이들 간의 역동성을 중시했습니다. 쉽게 말해 개인의 특성에 따라 다른 방식으로 외부 정보를 수집하고, 이를 근거로 판단하는 과정에서 선호하는 방식에 따라 다른 모습을 보인다는 것입니다. 이러한 칼 융의 심리유형론을 바탕으로 이사벨 브릭스 마이어스(Isabel Briggs Myers)가 어머니 캐서린 브릭스(Katherine Briggs), 자녀 피터 마이어스(Peter Myers)와 1900년에서 1975년에 걸쳐 개발한 검사가 MBTI입니다.

네 가지 문자로 이뤄진 MBTI 유형은 심리적 에너지의 방향에 따라 외향성(E)과 내향성(I)으로, 정보에 대한 인식 방법에 따라 감각형(S)과 직관형(N)으로, 판단을 내리는 근거에 따라 사고형(T)과 감정형(F)으로, 선호하는 생활양식에 따라 판단형(J)과 인식형(P)으로 구분합니다.

MBTI 유형 분류

외향(Extraversion)
· 말로 표현
· 열정적이고 활발함
· 다수의 친구와 폭넓은 관계
· 생각보다 행동

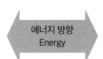
에너지 방향
Energy

내향(Introversion)
· 글로 표현
· 차분하고 신중함
· 소수의 친구와 깊은 관계
· 행동보다 생각

감각(Sensing)
· 사실적이고 구체적
· 실제의 경험
· 일상의 반복과 전통
· 주의초점: 현재, 과거

인식기능
Information

직관(INtuition)
· 상상적이고 추상적
· 아이디어
· 변화와 독창
· 주의초점: 미래, 가능성

사고(Thinking)
· 원리와 원칙
· 논리적, 분석적
· 객관성과 공평
· 문제 해결

판단기능
Decision Making

감정(Feeling)
· 주관적 의미와 가치
· 허용적, 우호적
· 공감과 칭찬
· 조화로운 관계

판단(Judging)
· 정리정돈과 계획
· 분명한 목적의식과 방향
· 삶을 통제
· 체계적으로 진행

생활양식
Life style

인식(Perceiving)
· 융통성과 자발성
· 목적과 방향의 유연성
· 상황에 따른 적응
· 뜻밖의 일을 즐김

자료: 어세스타

첫 번째 유형 분류 중 외향형(E)은 에너지가 외부로 향해 능동적이고, 표현적이고, 다양한 관계를 추구하고, 활동적이고, 열성적입니다. 내향형(I)은 에너지가 내부의 경험과 아이디어를 지향해 수동적이고, 보유적이고, 밀접한 관계를 지향하고, 반추적 성향으로 정적인 특성을 보입니다.

두 번째 유형 분류 중 감각형(S)은 오감을 바탕으로 구체적, 현실적, 실용적, 경험적, 전통적 자세로 외부 자극을 받아들이는 특성을 보입니다. 직관형(N)은 추상적, 창의적, 개념적, 이론적, 독창적으로 패턴이나 상호관련성을 바탕으로 정보를 받아들입니다.

세 번째 유형 분류 중 사고형(T)은 객관적이고 논리적인 분석을 바탕으로 결론을 내리고, 질문 지향적이고, 비평적인 특성을 보입니다. 감정형(F)은 조화를 바탕으로 개인과 사회적 가치에 따라 판단하고, 정서적, 감성적, 협응 지향적, 허용적, 온건적 특성을 보입니다.

네 번째 유형 분류 중 판단형(J)은 체계적이고 목표 지향적인 생활패턴을 보이며, 일을 계획성 있게 처리하며, 구체적인 방법을 바탕으로 조직화하는 특성을 보입니다. 인식형(P)은 유연하고 개방적인 방식을 선호하고, 융통성이 있고, 임기응변에 강한 모습을 보입니다.

일상생활에서, 직장에서 만나는 타인을 알고자 하는 욕구는 매우 자연스러운 현상이겠죠. 자신과 상대의 심리 상태, 성격을 알고자 하는 마음에 많은 사람이 심리테스트에 높은 흥미를 보입니다. 하지만 전문적인 상담센터나 병원에서 심리분석을 위해 이용되는 검사도구는 재미 삼아 활용되는 심리테스트와 조금 다릅니다. 신뢰도와 타당도 면에서 검증된 검사도구를 이용해 일정한 자격을 갖춘 전문가가 검사를 실시하도록 제한하고 있죠. MBTI 역시 관할 기관인 어세스타 또는 한국MBTI연구소에서 교육을 통해 일정 자격을 갖추면 검사도구를 구입하고 실시 및 해석할 수 있습니다.

많은 사람이 이용하는 인터넷 간이 유형 검사는 정식 MBTI 검사라고 보기에는 어렵습니다. 검사 방식 면에서 유사한 일종의 성격 검사라고 볼 수는 있지만, MBTI라는 용어를 사용하는 데 있어 저작권 문제가 발생할 수 있죠. 물론 이러한 간이 유형 검사를 통해 MBTI라는 용어 자체가 널리 알려지고 유명해진 것은 자명합니다. 아이러니한 부분이죠.

부모를 위한 심리 가이드

다양한 조직과 단체에서 MBTI를 통해 개인의 특성을 파악하기도 합니다. 주어진 업무에 적합한 사람을 채용하고 그런 사람들로 부서를 구성하면 위험성이 줄어든다고 생각하기 때문이겠죠? MBTI 유형을 살펴보면 유형별로 잘 어울리는 특성이 있는 반면, 적응이 쉽지 않은 유형도 있습니다.

다양한 심리검사에서 외향성과 내향성을 구분하고 있는데요. 사실 우리 사회는 아무래도 외향성을 높게 평가하는 편입니다. 내향성이 다양한 심리적 어려움과 상관관계가 높다고 보고되고 있다 보니 외향적인 모습을 긍정적으로 보게 됩니다. 또한 조직에서는 인식형(P)보다는 판단형(J)이 적응에 적합한 유형이라 생각합니다. 물론 업종의 특성에 따라 차이가 있겠죠.

MBTI 검사는 어떠한 진단을 위한 검사로 활용되지는 않습니다. 요즘에는 자신의 MBTI를 모르는 아이가 없을 정도이니 한 번쯤 재미삼아 부모도 자신의 MBTI 유형을 알아보는 건 어떨까요? 신기하게도 아이의 성격 유형이 부모 중 한 사람과 유사한 경우가 많다고 합니다.

대부분의 상담센터에서 MBTI 검사를 시행하고 있으니 시간이 된다면 검사를 받아보기 바랍니다. 만일 당장 시간을 내기 어렵다면 정식 검사는 아니지만 MBTI와 유사한 성격검사를 이용하는 것도 한 방법입니다. MBTI라는 공통된 주제로 자녀와 이야기를 나눈다면 서로를 이해하는 데 많은 도움이 될 것입니다.

MBTI는 성격 특성을 구체적으로 설명하기보다는 분류된 유형 중 자신과 가장 근접한 유형을 산출해 자신의 특성을 유추하는 데 활용됩니다. 무엇보다 자기보고식 응답을 바탕으로 진행되기 때문에 조금씩 오류가 발생할 수 있죠. 만일 어떠한 특성으로 결과가 나왔다고 해도 응답하는 상황의 심리 상태나 연령에 따른 변화에 의해 결과는 조금씩 다를 수 있습니다. 특히 외향성과 내향성은 엇갈려 나오는 경우가 종종 있죠.

검사상 나타나는 4개 문자는 척도의 중심을 기준으로 어느 쪽에 더 치우치는지에 따라 결정됩니다. 그런데 어떠한 경우에는 그 정도가 분명하게 드러나지만 때로는 보합 수준에서 머무르기도 합니다. 연령의 변화나 사회적 경험에 따라 이전과는 결과가 완전히 달라지는 이유입니다. 우리는 흔히 사람의 성격이 쉽게 안 변한다고 하지만, 실제로는 외부 요인이나 경험에 의해 이전과는 전혀 다른 성격을 갖게 되는 경우가 종종 있습니다.

특별한 목적을 가지고 검사에 응하지 않더라도 자신의 특성을 알아보고 함께 즐긴다는 의미에서 온 가족이 함께 결과를 공유해보면 어떨까요? 가족 내에서도 유난히 잘 맞는 성격 특성이 있고 이해하기 어려운 성격 특성도 있을 것입니다. 검사 결과가 이러한 부분을 상당 부분 설명해주기도 합니다.

특히 자신과 배우자가 반대의 성향을 가져서 어려움을 경험하고 있다면 이러한 특성이 자녀에게 발견되기도 합니다. 예를 들어 어머니가 판단형(J)이고 자녀가 인식형(P)이라면, 어머니 입장에선 미리미리 준비하지 않고 상황에 임박해서 비로소 일에 착수하는 자녀의 성격 특성이 매우 답답하고 불편하게 느껴질 수 있습니다.

사고형(T)과 감정형(F)도 어떤 상황에 대응하는 방법을 두고 차이를 보입니다. 상대의 감정에 공감하지 못하고 문제 해결에만 초점을 두면 "네가 T라서 그래." 하며 약간 희화화하곤 합니다. 우리나라에서 제일 많은 부분을 차지하는 성격 유형은 ISTJ라고 합니다. ISTJ는 세심하고 계획적이지만 감정을 헤아리기보다는 충고하거나 강요하는 방식으로 문제의 답을 찾습니다. 요즘 아이들에게는 이런 부분이 좀 불편하게 느껴지는 모양입니다. 상대가 사고형(T)의 특성을 보이면 "누가 해결해달라고 했나요? 내 감정을 알아주는 것까지는 바라지도 않아요. 그냥 좀 들어주기라도 하면 좋겠어요."라고 토로합니다.

많은 사람이 MBTI를 흥미 있어 하지만 일상에서 각각의 의미에 대해 깊이 있게 분석하는 경우는 많지 않습니다. 자신의 성격을 유형화하는 것, 그 이상의 의미를 각각의 기능에서 찾을 수 있지만 가정에서 아이들과 너무 복잡한 의미까지 파고들 필요는 없습니다. 가족 구성원들의 MBTI를 알아보고 SNS나 다양한 매체에서 각 유형별로 소개되는 생각과 행동 양식에 대해 이야기 나누면서, 서로가 얼마나 다른 존재인지 알게 되는 것으로도 충분히 의미가 있습니다.

이처럼 아이의 성격 유형을 파악하고 다름을 수용한다면 가족 간 갈등이 일어나도 상대의 행동적 특성을 좀 더 너그럽게 봐줄 수 있지 않을까요? 물론 심리검사를 통해 자녀와 부모의 모든 것을 명확하게 파악하고 해결책을 찾기란 어려운 일입니다. 그럼에도 이 과정을 통해 새로운 관점에서 좀 더 객관적으로 상대를 바라보고 수용할 수 있게 되기를 기대합니다.

알 수 없는 존재,
너를 예측해보다

앞서 우리는 부모 자신의 감정을 바라보고 객관적인 입장에서 성찰하는 과정을 경험했습니다. 또한 성격검사를 통해 아이와 부모의 성격적 특성을 알아보았죠. 그럼에도 여전히 자녀와의 관계에서 발행하는 심리적 어려움은 가시지 않습니다.

'넌 어느 별에서 왔니?'

이해하기 어려운 아이의 말과 행동은 양육자가 쌓아온 인내와 관용을 한순간에 태워버릴 작은 불씨가 되곤 합니다. 그래도 아이가 초등학교 입학 전에는 캐릭터 스티커 한 장에 울고 웃고, 최고로 좋아하는 장난감을 주거나 좋아하는 프로그램을 틀어주면 마음이 풀리는 등 엄마의 비장의 무기가 곧잘 효과를 봤습니다. 하지만 성장해가면서 이러한 부분은 임시방편이란 사실을 알 수 있습니다. 아이가 자랄수록 관계에서 심리적인 어려움을 느끼는 이유는 갑작스럽고 예측할 수 없는 말과 행동이 반복되기 때문입니다. 부모 입장에서는 그저 상황에 대응하며 지낼 뿐이죠.

유난히 부모를 힘들게 하는 아이가 있습니다. 침대에 눕혀 놓고 엉덩이를 토닥이기만 해도 스르륵 잠드는 아이가 있는가 하면, 기껏 힘들여 재워도 내려놓는 순간 일어나 내내 우는 아이가 있습니다. 부모도 같고 환경도 같은 형제, 자매, 남매 사이에도 아이마다 특성이 제각각이죠. 이때 필요한 것은 내 아이의 근원적 특성을 파악하는 과정입니다. 즉 기질을 파악하는 것이죠. 기질은 성격과는 조금 다른 특성이 있습니다. 쉽게 말해 유전적으로 타고난 특성이라고 할 수 있죠. 어떠한 자극에 대한 반응성향은 개인별로 차이가 있습니다. 이때 자극에 대해 일어나는 정서적 반응성향이 바로 기질입니다.

미국 워싱턴대학교 로버트 클로닌저(Robert Cloninger) 명예교수는 새로운 자극과 보상신호에 따라 활성화되는 행동 활성화 체계(BAS), 처벌이나 위험신호에 대한 반응으로 나타나는 행동 억제 체계(BIS), 어떠한 보상이 지속적으로 제공되지 않아도 이전에 보상된 행동을 일정 시간 유지하는 행동 유지 체계(BMS)

를 바탕으로 인간의 기질을 4개 차원으로 분류한 바 있습니다. 그가 제시한 모델은 각각 '자극 추구(Novelty Seeking)' '위험 회피(Harm Avoidance)' '사회적 민감성(Reward Dependence)' '인내심(Persistence)'입니다.

기질은 인간 행동에 지대한 영향을 미칩니다. 예를 들어 한 직장에서 평생을 일하고 퇴직하는 경우도 있고, 다녔던 회사를 나열하기 어려울 만큼 이직을 자주 하는 경우도 있습니다. 사회·경제적 환경이나 개인의 능력치에 따른 변수도 영향을 미치겠지만 이때는 대개 '자극 추구' 기질이 크게 개입합니다. 인간은 새로운 자극을 접하거나 보상을 받을 만한 상황과 마주하면 행동이 활성화되는 경향을 지니고 있습니다. 만일 자극 추구가 높은 성향이라면 새로운 자극과 보상을 탐색하고 단조로운 상황을 회피하는 모습을 보일 것입니다. 이러한 기질이 지나치게 높다면 쉽게 흥분하고 충동적이며 자유분방한 행동이 관찰될 수 있습니다. 반대로 자극 추구가 낮은 사람은 매사 심사숙고하고 호기심이 부족하며 정적인 모습을 보입니다.

또 인간은 위험하거나 혐오스러운 자극 앞에서 행동이 위축되는 경향을 보이는데요. 이를 '위험 회피'라고 합니다. 쉽게 말해 겁 없이 나서는지, 매사에 조심하고 겁이 많은 편인지를 보여주는 기질이라 할 수 있죠. 위험 회피 기질이 높다면 위험이 예상될 때 행동을 중단합니다. 다른 사람은 걱정하지 않는 일에 대해서도 불안해하는 모습을 보일 수 있습니다. 반대로 위험 회피 기질이 낮은 사람은 위험하거나 불확실한 일에도 자신감 있고 낙관적인 태도를 보입니다.

엄마가 표정만 찡긋해도 눈치를 살피며 행동을 조심하는 아이가 있는가 하면, 아무리 눈치를 주고 신호를 보내도 신경 쓰지 않는 아이가 있습니다. 이러한 행동 특성은 '사회적 민감성'의 차이 때문입니다. 사회적 민감성은 사회생활에서 주어지는 보상신호에 반응하는 유전적인 경향성을 말합니다. 즉 타인의 칭찬이나 감정 변화를 민감하게 알아차리고 행동과 정서 반응을 하는지에 대한 차이라 할 수 있죠.

사회적 민감성이 높은 아이라면 부모나 친구의 감정 상태에 주의를 기울이고 이에 따라 반응해 자신의 말과 행동을 결정할 것입니다. 사회적 교류를 좋아하고, 타인의 감정을 헤아리고, 자신의 감정도 자연스럽게 표현하겠죠. 이에 반해 사회적 민감성이 낮은 아이라면 부모를 포함한 타인의 감정에 둔감하고 냉정한 모습을 보일 수 있습니다. 누군가와 교류를 먼저 시작하는 경우가 거의 없고 오히려 거리를 유지할 때 편안함을 느낄 것입니다.

시키지 않아도 무언가를 부지런히 포기하지 않고 하는 사람이 있습니다. 이런 상황은 주로 '엄친아'에게서 나타나는데요. 몇 다리 건너 누군가의 친구의 언니의 아들은 아무리 어려운 수학 심화문제도 앉은 자리에서 풀고 또 풀고, 한 문제를 가지고 몇 시간씩 씨

름하면서 끝까지 푼다고 하죠. 정말 듣기만 해도 부러운 이야기인데요. 이러한 기질적 특성은 '인내심'의 영향을 받습니다. 인간은 지속적인 보상이 없더라도 한 번 강화된 행동을 꾸준히 지속하려는 경향성을 가지는데요. 이러한 기질을 인내심이라고 합니다. 인내심이 높은 사람은 부지런하고, 끈기가 있고, 좌절하는 경우에도 꾸준히 해내는 모습을 보입니다. 인내력 지수가 낮은 경우 안정적인 보상이 기대되는 상황에서도 게으르고, 비활동적이고, 노력하지 않는 모습을 보입니다.

부모를 위한 심리 가이드

그렇다면 우리 아이의 기질은 어떻게 알 수 있을까요? 기질이란 유전적으로 타고난 경향성을 말합니다. 그렇기에 어떠한 특성은 부모 중 한 사람과 유사하게 보일 가능성이 높죠. 아이를 보면 때로는 '나' 또는 '배우자'와 어쩜 그렇게 똑같이 행동하는지 놀라울 정도입니다. 내 아이의 이러한 기질을 놀라운 관찰력과 통찰력으로 파악하는 부모도 있겠지만 과학적인 수치로 알아보는 방법도 있습니다.

기질을 특정하는 것이 바로 'TCI(The Temperament and

Character Inventory)' 검사입니다. TCI 검사는 클로닌저의 심리생물학적 인성 모델을 바탕으로 인성(Personality)을 이루는 구조를 기질과 성격으로 구분하는데요. 이때 기질을 이루는 4가지 영역인 자극 추구, 위험 회피, 사회적 민감성, 인내심을 측정할 수 있습니다. 더불어 성격을 이루는 3가지 영역인 '자율성(Self-directedness)' '연대감(Cooperativeness)' '자기초월(Self-transcendence)'을 측정합니다. 이처럼 기질과 성격이라는 2가지 영역의 7가지 특성이 함께 어우러져 인성을 이룬다고 봅니다.

한국판 TCI 검사는 '마음사랑'에서 판권을 가지고 있으며, 관련 자격을 갖춘 전문가를 통해 검사 및 해석 상담을 받을 수 있습니다. 검사의 구성은 실시 대상에 따라 미취학 유아동, 초등학

한국판 TCI 검사

한국판 검사명	실시 대상	문항수	방식
기질 및 성격검사-유아용	미취학 유아동	86개	양육자 보고식
기질 및 성격검사-아동용	초등학생	86개	양육자 보고식
기질 및 성격검사-청소년용	중고등학생	82개	자기보고식
기질 및 성격검사-성인용	대학생, 성인	140개	자기보고식

생, 중고등학생, 대학생, 성인으로 나뉘며 대상에 따라 문항수와 방식에 차이가 있습니다.

TCI 검사를 통해 아이의 기질 및 성격적 특성을 파악하는 것이 아이를 양육하고 교육하는 과정에서 어떤 의미가 있을까요? 본 검사에서는 4개 영역 각각의 기질적 특성뿐만 아니라 다양한 차원의 조합을 바탕으로 프로파일을 제공합니다. 부모가 자녀를 교육할 때 아이의 기질적인 면에서 적합하고 효과적인 접근법을 모색해볼 수 있다는 점에서 의미가 있죠.

일반적으로 자극 추구와 위험 회피 기질의 경우 자극 추구 기질이 높을수록 위험 회피 기질이 낮은 반비례 관계일 것으로 생각합니다. 새로운 것을 원하고 이러한 자극에 활성화되는 사람이 위험 회피도 낮아 겁도 없을 것이라고 예상하기 쉽죠. 하지만 경우에 따라 자극 추구와 위험 회피가 동시에 높을 수도, 낮을 수도 있습니다. 자녀의 이러한 특성을 알고 있다면 내 아이에게 적합한 방식으로 양육할 수 있게 됩니다.

만일 아이가 자극 추구는 높으나 위험 회피가 낮다면 아이에게 새로운 것을 제시하거나 보상을 제공하는 방식이 행동 강화에 도움이 될 것입니다. 반면 위험 회피가 낮아 두려움이 없는 경우 벌이나 위협에는 반응하지 않기 때문에 행동 교정을 위한 처벌은 효과가 크지 않을 것입니다. 벌을 주기보다는 교정하고자 하는 행동을 하지 않았을 때 보상하는 방안이 더 효과적입니다. 자극 추구는 낮고 위험 회피가 높은 아이라면 어떤 목표를 달성했을 때 보상하더라도 자극에 대한 반응이 낮아 행동 활성화에 도움이 되지 않을 수 있습니다. 위험 회피가 높아 겁이 많고 신중한 경우에는 처벌에 의해 행동이 억제될 가능성이 크기 때문에 억제하고자 하는 행동에 대해 벌을 주는 방식이 도움이 될 수 있겠죠. 그러나 위험 회피가 지나치게 높은 아이에게 부정적인 측면을 부각시킬 경우 행동을 위축시킬 수 있으니 유의해야 합니다. 예를 들어 "너 그렇게 공부 안 하면 나중에 커서 큰일 난다!"라는 쉽게 하는 말에도 '진짜 이러다가 큰일이 나면 어떡하지?'라는 과도한 걱정을 유발해 오히려 행동 활성화가 어려울 수 있습니다.

다양한 방식으로 TCI 검사에 참여할 수 있습니다. 상담센터에서 검사지를 통해 진행하거나, 자격을 갖춘 전문가를 통해 인증코드를 부여받아 모바일 환경에서 손쉽게 응답할 수 있습니다. 검사를 진행하고 기질과 성격적 특성을 확인하는 것도 중요하지만 해당 검사 결과에 대한 해석도 필요합니다. 전문가에게 상담을 받는다면 더욱 효과적일 것입니다.

저작권뿐만 아니라 검사의 신뢰도 및 타당도를 위해 TCI의 문항 정보는 공개하지 않겠습니다. 다만 검사에 관한 이해를 높이기 위해 각각의 척도명과 가상의 검사 결과를 재구성해 해석하는 방식으로 예시를 들겠습니다.

앞서 소개한 7가지 척도에는 각각 3~5가지의 하위 척도가 있습니다. 이 하위 척도의 차이를 분석하다 보면 자연스럽게 상대를 이해할 수 있게 됩니다. 자극 추구라는 척도의 하위 척도인 'NS1'의 차이를 바탕으로 예를 들겠습니다. 부부 중 한 사람은 'NS1' 척도 점수가 낮아 관습적 안정성의 특성이 높고, 다른 한 사람은 점수가 높아서 탐색적 흥분이 높다고 가정해봅시다. 실제 생활에서 어떤 일이 벌어질까요? 아마도 무언가를 선택하는 과정에서 여러 문제가 발생할 것입니다.

만약 여행을 간다면 관습적 안정성이 높은 사람은 이전에 갔던 여행지에 반복해서 방문하는 것을 긍정적으로 생각할 수 있습니다. 해외와 국내 중 선택할 수 있다면 당연히 국내여행을 선호하겠죠. 반면 자극 추구가 높은 사람은 이전에 방문했던 여행지를 선택할 가능성이 낮습니다. 해외와 국내 중 선택할 수 있다면 해외여행을

하위 척도 리스트

척도	하위 척도	낮은 점수	높은 점수
자극 추구 (NS)	NS1	관습적 안정성	탐색적 흥분
	NS2	심사숙고	충동성
	NS3	절제	무절제
	NS4	질서정연	자유분방
위험 회피 (HA)	HA1	낙천성	예기 불안
	HA2	(낮은) 불확실성에 대한 두려움	(높은) 불확실성에 대한 두려움
	HA3	(낮은) 낯선 사람에 대한 수줍음	(높은) 낯선 사람에 대한 수줍음
	HA4	활기 넘침	쉽게 지침
사회적 민감성 (RD)	RD1	(낮은) 정서적 감수성	(높은) 정서적 감수성
	RD2	(낮은) 정서적 개방성	(높은) 정서적 개방성
	RD3	거리두기	친밀감
	RD4	독립	의존
인내력 (PS)	PS1	(낮은) 근면	(높은) 근면
	PS2	(낮은) 끈기	(높은) 끈기

척도	하위 척도	낮은 점수	높은 점수
인내력 (PS)	PS3	(낮은) 성취에 대한 야망	(높은) 성취에 대한 야망
	PS4	(낮은) 완벽주의	(높은) 완벽주의
자율성 (SD)	SD1	(낮은) 책임감	(높은) 책임감
	SD2	(낮은) 목적의식	(높은) 목적의식
	SD3	(낮은) 유능감	(높은) 유능감
	SD4	(낮은) 자기수용	(높은) 자기수용
	SD5	(낮은) 자기일치	(높은) 자기일치
연대감 (CO)	CO1	(낮은) 타인수용	(높은) 타인수용
	CO2	(낮은) 공감	(높은) 공감
	CO3	(낮은) 이타성	(높은) 이타성
	CO4	(낮은) 관대함	(높은) 관대함
	CO5	(낮은) 공평	(높은) 공평
자기초월 (ST)	ST1	자의식	창조적 자기망각
	ST2	(낮은) 우주 만물과의 일체감	(높은) 우주 만물과의 일체감
	ST3	합리적 유물론	영성수용

선호하겠죠. 문제는 여행뿐만 아니라 다양한 측면에서 발현될 수 있습니다. 사소하게는 외식할 장소를 선택하는 상황, 입을 옷을 구입하는 상황에서도 발현될 수 있습니다. 이와 같은 문제로 종종 마찰을 빚던 부부도 상대방의 기질적 특성을 알게 된 후에는 전보다 서로의 차이를 잘 받아들일 수 있게 됩니다.

아이가 성장하고 입시라는 목표를 향해 달리다 보면 부모와 아이를 동시에 힘들게 하는 부분이 바로 '불안'입니다. 이러한 불안에 대한 이해를 높이고 대처하기 위해서 살펴보는 것이 위험 회피 척도의 하위 척도인 'NA1'과 'NA2'입니다. 'NA1'은 예기불안과 낙천성을 측정하는 것으로 해당 점수가 높을수록 예기불안, 즉 생기지 않은 미래의 일까지 걱정하는 정도가 높다고 볼 수 있습니다. 반대로 점수가 낮을수록 낙천성이 높다고 해석할 수 있겠죠. 더불어 'NA2'는 불확실성에 대한 두려움을 측정합니다. 이 척도의 점수가 높을수록 불확실성에 대한 두려움이 높습니다.

부모 입장에서 자녀는 세상에서 가장 불확실하고 예측하기 어려운 존재입니다. 그러니 조금이라도 예측해보고자 이렇게 심리검사의 결과를 열심히 해석하고 검토하는 것이겠죠. 그런데 부모가 예기불안과 불확실성에 대한 두려움이 높다면 자녀 양육과 교육의 과정에서 유난히 더 높은 강도의 스트레스를 받을 수 있습니다. 아이에게 많은 노력을 기울여도 아이의 입시 결과는 예측할 수 없는 영역입니다. 만일 이러한 기질이 아이에게도 나타난다면 아이는 시험을 볼 때마다 남들보다 더 큰 스트레스를 경험할 가능성이 높습니다. 부모 입장에서 이러한 기질을 발견한다면 기질만 탓할 것이 아니라 아이의 안정적인 실력 발현을 위해 성격적인 측면을 보완하는 방향으로 양육해야 합니다.

자율성의 하위 영역인 'SD4'는 자기수용을 의미합니다. 자기수용은 자신의 장점뿐만 아니라 단점과 한계를 있는 그대로 바라보는 것이죠. 비단 시험을 잘 보기 위한 것만이 아니라 삶의 방향성에 있어 매우 중요한 부분입니다. 만일 어떤 시험을 앞두고 아이의 불안이 높다면 그동안 해왔던 공부의 양과 노력을 객관적으로 바라보도록 합시다. 최선을 다했다면 현재 상황을 있는 그대로 받아들이도록 마음의 연습을 반복하는 것입니다. 주어진 조건에서 정말 죽도록 노력했다고 스스로 평가할 수 있다면 마음을 편히 먹고 시험에 임하면 됩니다. 결과가 마법처럼 좋아질 수는 없지만 아이가 적어도 불안 때문에 아는 문제를 놓치는 실수는 방지할 수 있겠죠.

하위 척도의 분석을 통해 가족 내 갈등이나 대립에 대해 생각해볼 수 있습니다. 사회적 민감성의 하위 척도인 'RD2'와 'RD4'는 각각 정서적 개방성, 독립과 의존을 나타냅니다. 먼저 'RD2'의 경우 점수가 높을수록 타인에게 자신의 감정, 생각을 자유롭게 표현합니다. 'RD4'의 경우 점수가 높을수록 타인이 자신에게 보내는 반응, 인정, 평가에 크게 의존한다고 볼 수 있습니다.

가족 구성원 중 'RD2'에서 정서적 개방성이 높은 사람은 낮은 사람을 답답하거나 감정을 알 수 없는 존재라고 여길 수 있습니다. 서로 감정이 상하는 상황이 반복되고 한쪽이 다른 한쪽에게 서운한 감정이 누적된다면 'RD4' 척도를 통해 서로를 좀 더 이해할 수 있습니다. 예를 들어 부모의 경우 'RD4' 점수가 낮아 타인의 평가에 비중을 두지 않고, 자녀의 경우 'RD4' 점수가 높아 타인의 인정과 평가에 좌우된다면 어떨까요? 아무리 부모와 자녀가 가까운 사이일지라도 서로를 이해하기 어렵고, 자신이 상대에게 상처를 준다는 사실도 알기 어려울 것입니다.

이처럼 부모와 자녀의 각기 다른 하위 척도를 분석하다 보면 서로를 이해하는 데 도움이 됩니다. 다름을 알아간다는 것이야말로 상호 수용의 시작점이라 할 수 있겠죠. 인성을 구성하는 기질적 특성과 함께 개인의 성격적 특성을 융합적으로 해석함으로써 비로소 자녀의 마음을 이해하게 됩니다. 그리고 더 나아가 자녀를 양육하고 교육하는 과정에서 명확한 방향을 잡는 데 많은 도움이 됩니다.

자녀 양육과 교육의
방향을 바로잡다

앞서 아이의 기질을 과학적이고 객관적인 방법으로 파악하고 이해해보는 방법에 대해 알아봤습니다. TCI 검사에서는 아이의 내면적 특성을 기질과 성격으로 구분합니다. 그럼 우리 아이의 양육과 교육의 방향성은 어떻게 세워야 할까요? 그 시작점은 바로 수용에 있습니다.

기질은 유전적 특성입니다. 쉽게 말해 바꾸는 것이 비교적 어렵습니다. 내 아이가 위험 회피 기질이 백분율 점수 100에 가까운 수준이라는 결과가 나오면 어떤 부모님은 "남자아이가 이 정도로 겁이 많고 소심해서 어떻게 합니까?" 하고 토로합니다. "이걸 어떻게든 고쳐야 먹고는 살 거 아닙니까?"라고 하는 경우도 있죠. 하지만 기질적으로 타고난 부분을 교정하는 것은 쉬운 일이 아닙니다. 이러한 방향보다는 기질을 수용하고 교육과 양육을 통해 아이의 내면을 균형 있게 완성시켜 성숙한 아이로 키우는 것이 효율적이고 발전적인 방향일 것입니다.

우선 내 아이의 기질을 수용하는 것이 중요합니다. 아이가 타고난 기질은 사실 자신 또는 배우자의 특성에서 비롯된 경우가 많습니다. 이러한 기질은 강점도 약점도 아닙니다. 그저 수용해야 하는 하나의 특성일 뿐이죠. 만일 자녀의 타고난 기질을 부모가 고치려고 한다면 상황은 더욱 악화될 수 있습니다. 그 부분을 수용하고 성격의 측면인 자율성과 연대감을 성장시키는 데 집중한다면 바람직한 양육이 될 것입니다.

우리가 자녀를 온전히 수용한다는 것은 의외로 쉽지 않습니다. 수용한다는 건 무엇일까요? '수용하다(Accept)'는 라틴어 '받아들인다(Capere)'에서 유래되었다고 합니다. 여기에서 수용은 참거나 포기한다는 의미보다는 온전히 받아들인다는 의미로 볼 수 있습니다. 이 과정이 조금은 낯설게 느껴질 수 있습니다. 예를 들어 어떤 옷을 입었을 때 이 옷의 가격, 색상, 옷을 입고 있는 내 모습을 생각하는 것이 아니라 옷의 감촉과 질감을 몸으로 그대로 느끼는 것이 수용입니다. 즉 내 아이의 강점과 약점을 구분하고 가치를 판단하는 것이 아니라 그저 관찰하고 있는 그대로 느끼는 것입니다. 그 지점에서 수용이 시작됩니다.

물론 결코 쉬운 과정은 아닙니다. 아이가 학교 시험에서 60점을 맞았다면 '평균이 몇 점이지?' '그럼 60점은 잘한 편인가, 못한 편인가?' 하고 생각의 흐름으로 바로 연결되는 것이 아니라 마치 깨지기 쉬운 물건을 관찰하는 것처럼 그 자체를 바라보는 것이 수용입니다. 이 부분에서 중요한 것은 60점이면 나쁜 점수가 아니니 좋게 받아들이라는 것이 아닙니다. 그 점수에 대한 가치 판단을 잠시 보류하고 그저 관찰하고 바라보라는 것입니다. 수용전념치료를 고안한 스티븐 헤이즈(Steven Hayes)는 수용에 대해 무언가를 더 좋게 느끼려는 노력이 아닌, 더 잘 느끼는 법을 배우는 것이라고 이야기합니다.

이 과정이 우리에게 쉽지 않은 이유는 그동안 삶에서 경험했던 긍정적 요소에 대한 맹신 때문일지 모릅니다. '그래, 좋게 좋게 넘어가자.' '좋은 게 좋은 거지.' 하는 맹신 말입니다. 긍정적 사고의 힘을 믿고 긍정적인 면만 본다고 해서 심리적 어려움이 모두 사라지지는 않습니다. 일각에서는 이를 두고 낙관성의 배신이라는 말을 하기도 합니다. 사고의 흐름 속에서 어떠한 것에 대한 가치 판단에 의해 긍정적인 부분만 부각하고 부정적이고 어두운 것은 무시해버리는 자세는 도움이 되지 않습니다. 근본적인 심리적 어려움을 해소하기보다는 경험 자체를 억누르고 회피하는 방향으로 작용되기 때문입니다.

경험을 회피하는 경향은 다양한 심리적 요소의 부정적인 측면과 상관관계가 있는 것으로 보고됩니다. 불안을 회피하려는 태도는 오히려 많은 형태의 불안을 야기할 수 있습니다. 예를 들어 같은 자극에 노출되는 상황에서 수용적 태도보다 경험을 회피하려는 경향이 높을수록 공황 상태를 더 자주 경험합니다.

부모와 자녀의 관계에 있어서 아무리 자녀를 사랑하는 마음이 가득하다고 해도 언제나 긍정적인 감정만 경험하는 것은 아닙니다. 부모의 마음을 몰라주는 아이가 야속하기도 하고, 기대했던 방향대로 따라주지 않아 얄밉기도 합니다. 그런 감정을 그대로 바라보고 있자면 때때로 편치 않은 마음이 올라옵니다. '엄마가 되어서 이 정도도 이해하지 못하는 건가?' '다른 집만큼 해주지도 못했는데 이 정도면 감사해야 할 일 아닌가?' 하는 생각이 들기도 합니다. 그러고는 표출했던 부정적인 감정을 제대로 바라볼 틈도 없이 눌러버리곤 하죠. 혹은 자녀의 행동과 말을 가치 판단의 잣대로 평가해버립니다. 그렇다면 자녀를 있는 그대로 수용하기 위해 우리는 무엇을 해야 할까요?

대개 우리는 어떠한 상황과 마주할 때 자신이 가치 판단이나 비난을 하고 있다고 알아차리기보다는, 객관적이라고 믿고 싶어 합니다. 특히 자녀 문제에 관해 자신이 객관적으로 보고 있다고 믿는 경우가 많은데요. 자세히 들여다보면 가치 판단이나 비난에 가까운 경우가 많습니다. 왜냐하면 '생각'이라는 과정을 통해 자녀를 평가하고 있다는 사실조차 인식하지 못하기 때문이죠. 이러한 부분을 확인하는 방법으로 수용전념치료에서 제시하는 방법은 '기술(Description)'과 '평가(Evaluation)'의 차이를 확인하는 것입니다.

기술은 대상이나 사건에 대해 직접적으로 관찰할 수 있는 측면을 나타내는 표현을 말합니다. 관찰자와 대상 간의 상호작용과는 무관한 일차적 속성에 해당합니다. 이에 반해 평가는 어떤 대상이나 사건에 대한 자신의 반응이라 할 수 있습니다. 평가의 과정은 그 대상과 자신의 감정, 감각, 생각의 상호작용을 중심으로 나타나는 이차적인 속성에 해당합니다.

실전 연습을 위해 기술과 평가의 차이를 예를 들어 알아보겠습니다. 얼마 전부터 테이블을 유심히 보기 시작했습니다. 모처럼 집 안에 새로운 물건을 들여놓고 싶은 생각이 들었죠. 그런 마음이 들자 카페에 갈 때마다 관심은 테이블에 집중되었습니다. 그러던 어느 날 한 카페에서 마음에 드는 테이블을 발견합니다. 이 테이블에 대한 기술과 평가의 차이는 이렇습니다.

기술: 테이블은 고체이고 상판은 나무, 상판의 양쪽 하부에는 철로 된 다리가 연결되어 있다.

평가: 이것은 멋진 나무 문양과 견고하고 튼튼한 다리가 돋보이는 좋은 테이블이다.

기술과 평가, 즉 일차적 속성과 이차적 속성의 차이는 자녀와의 관계에서 특히 큰 위력을 발휘합니다.

일상에서 '기술'과 '평가'의 차이를 인식하고 대응하는 것이 결과적으로 얼마나 다른 결과에 도달하는지 알아보고자 합니다. 상황은 이렇습니다. 딸아이 방에 들어가 보니 옷이 바닥에 널려 있습니다. 이전에도 여러 번 말했는데 변화가 없어서 서로 지쳐 있는 상태였습니다. 평가의 관점에서 엄마의 시선은 이렇습니다.

> '전부터 바닥에 옷 벗어 놓지 말라 몇 번을 말했는데 방을 돼지우리로 만들어 놓다니. 저렇게 어지르고 책상에 앉아 있으면 공부가 제대로 되겠어?'

아이에 대한 원망이 빛의 속도로 스쳐지나갑니다. 그다음 불쑥 튀어나온 엄마의 말은 "도대체 몇 번을 말한 거야? 옷 좀 치우라고!"였습니다. 사춘기 아이는 어떻게 대응할까요? "아 정말 그만 좀 해! 내 방에 왜 들어왔어? 그냥 내가 알아서 할 테니까 나가라고!"라고 소리를 지릅니다. 역시 서로에게 감정의 상처만 남긴 채 하루가 마무리됩니다.

그럼 기술의 관점에서 그 상황을 바라본다면 무엇이 다를까요? 있는 그대로 상황을 머릿속에 나열합니다.

> '방문을 열었다. 바닥에 3가지 정도의 옷이 떨어져 있다. 아이는 책상에 앉아 숙제를 하고 있다.'

이러한 사고 흐름 끝에 "방에 옷이 떨어져 있구나. 넌 책상에 앉아서 숙제를 하는 중이구나." 하고 엄마는 말합니다. 이렇게 말하면 의외로 자녀는 당황할지 모릅니다. '아, 뭐라고 하는 거지? 눈치를 주는 건가? 숙제하고 있다고 칭찬하는 건가?'라고 생각합니다.

아이와 소리를 지르며 대화를 하다 보면 '오늘도 똑같은 패턴이구나!'라는 생각이 들 때가 있습니다. 평가적 관점에서 아이를 바라보고 대화하다 보면 아이 역시 마치 함정을 파놓은 사냥꾼마냥 기다리고 있다가 자기가 감정이 상하는 시점에 엄마를 올가미에 가둡니다. 아이가 만일 소리를 지르며 엄마에게 화를 내고 있다면 이 상황을 어떤 마음으로 바라봐야 할까요?

'어디서 엄마한테 소리를 바락바락 지르며 대들고 있지?'라는 평가의 관점으로 보면 '부모한테 어떻게 이렇게 예의 없이 말할 수가 있을까? 어릴 때부터 내가 어떻게 키웠는데 나한테 이렇게 소리를 지를까?'라는 기존의 생각이 강화될 것입니다. 결국 '내 아이가 나에게 소리를 지르는 것은 부당한 일이다.'라는 평가를 바탕으로 상호작용이 이어집니다. 소리를 지른다는 행위와 부모에 대한 자녀의 도리가 함께 작용해 이차적 속성으로 반영되었다는 것을 알 수 있습니다.

그렇다면 감정을 배제하고 현실을 기술해볼까요? '내 아이가 나에게 소리치고 있고 그 소리는 매우 크다.'라고 정리할 수 있습니다. 한 가지 흥미로운 점은 앞서 예시로 든 테이블이나 아이가 부모에게 소리치는 것은 불변하는 속성이 아니라는 점입니다. 지금은 테이블이 '좋은' 테이블로 평가될 수 있지만 오래 쓰다 보면 생각이 달라질 수 있겠죠. 소리 지르는 일 역시 부모에 대한 예의라는 관점에서 평가되는 것이지 그 행위 자체를 나쁜 것으로 규정할 수는 없습니다. 위급한 상황에서 도움을 구하기 위해 소리를 질렀다면 그 행위가 부당하다고 평가할 수 없는 것처럼요.

많은 경우 평가를 바탕으로 한 주관적으로 함의된 이차적인 속성이 자녀에게도, 부모에게도 상처를 키우는 역할을 합니다. 아이와 겪은 마찰이나 마음이 힘든 경험은 대부분 이차적 속성을 바탕으로 한 '평가'의 관점에서 사건과 행위를 인식하는 것과 연관이 있습니다. 나의 생각과 감정의 흐름을 있는 그대로 보지 않고 주관적 의미를 부여한 평가에 중심을 두고 있지는 않은지 바라볼 필요가 있습니다. 그것이 자녀와 긍정적인 관계로 나아가기 위한 시작점이 될 것입니다.

2장

부모와 자녀로부터 독립하기

자아란 이미 완성된 것이 아니라
끊임없는 행위의 선택을 통해 지속적으로 만들어지는 것이다.

_존 듀이

 ✦ 여는 글

　　　　　　자녀 양육과 교육의 최종 지향점은 자녀를 성
공적으로 독립시키는 것입니다. 실제로 "아이가 스스로 무엇이든
할 수 있는 날이 어서 오면 좋겠어요."라고 말하는 엄마들이 많습
니다. 저 역시 같은 심정입니다. 아이가 필요하다고 요청한 물건을
사놓고, 교복을 빨고, 셔츠를 다림질하고, 식사를 준비하다 보면 하
루가 정신없이 지나갑니다. 그러다 '언젠가는 아이가 독립하겠지?'
하는 기대가 슬며시 올라옵니다. 그러한 생각의 끝에 문득 엄마이
자, 딸이자, 며느리인 '나' 자신을 돌아보게 됩니다.
　　아이들 시험기간이다 뭐다 양가 방문이 뜸해진 지 3주나 되었습
니다. 이렇게 오랜 기간 왕래가 없었던 적은 예전에 잠시 해외에 거

주했던 때 이후 처음이었죠. 지난 3주라는 시간 동안 한 가지 신기한 사실을 깨달았습니다. 냉장고에 점차 빈 공간이 생긴 것입니다. 사실 매번 '우리 집 냉장고는 왜 이렇게 작을까?'라고 생각하고 있었거든요. 내 손으로 아이를 양육하고 교육하겠다고 결심했건만 '아직까지 반찬독립은 시작하지 못한 것인가?'라는 의문이 들기도 합니다.

우리가 꿈꾸던 자녀의 독립, 그리고 더 나아가 '나' 자신이 부모로부터 이뤘다고 생각하는 독립에 대해 다시 한번 생각하는 계기가 되었습니다. 여러분이 생각하는 독립은 어떤 모습인가요? 물리적으로 주거를 분리해서 삶을 이어가는 것, 경제적으로 자립을 이루는 것, 부모에게 의지하지 않는 것 등 개인이 정의한 독립은 각기 다른 모습일 것입니다. 한 가지 분명한 것은 독립은 단절, 고립과는 다른 의미라는 것입니다.

예를 들어 어머니께서 손수 만든 반찬을 거부하고 스스로 만들어 먹어야만 진정한 독립이라 할 수는 없을 것입니다. 더불어 어머니가 보내준 반찬이 없어 외식을 해야만 한다면 결코 '반찬독립'을 이뤘다고 말할 수도 없겠죠. 자녀의 독립은 어떤 모습일까요? 자녀가 성인이 되면 과연 자연스럽게 독립하게 될까요? 아마도 자녀의 독립은 쉽게 실현되지 않을 것입니다.

이번 장에서는 생각보다 많은 노력이 필요하고 또 그리 간단하지만은 않은 부모와 자녀의 독립의 과정을 함께 살펴보겠습니다.

가족,
체계를 갖추다

제2차 세계대전 이후, 1950년대 미국은 급격한 혼란을 겪습니다. 종전 후 재결합에 따른 가족 내 갈등, 전쟁으로 미뤄진 결혼과 출산이 한꺼번에 벌어지면서 발생한 베이비붐 등 여러 사회 문제가 수면 위로 떠올랐기 때문입니다. 이때부터 사회의 안정을 위해 사회의 기본 단위인 가족이 우선시되어야 한다는 목소리가 높아졌습니다. 본격적으로 가족치료의 개념이 형성되기 시작했고, 1960년대에 이르러 독립된 전문 분야로 자리 잡으면서 다양한 이론이 연구되고 탄생했습니다. 가족치료는 1980년대에 비약적인 성장을 이루며 황금기를 맞이합니다. 우리나라도 이 시기에 한국가족치료학회가 설립되어 오늘날까지 많은 연구가 이뤄집니다.

가족치료에서는 가족을 하나의 체계로 바라봅니다. 각각의 구성원이 모여 가족을 구성하지만 이렇게 만들어진 가족체계는 하나의 정서적 단위가 되어 구성원 개개인에게 영향을 미칩니다. 결국 구성원 각자인 부분의 합, 그 이상의 의미를 갖게 되는 것이죠. 체계로서의 가족은 연령과 역할, 세대에 따라 다양한 하위 체계로 분류됩니다. 부부의 체계가 있다면 자녀의 체계, 조부모의 체계가 존재한다는 것이죠.

가족치료 이론에서는 체계의 경계가 명확하지 않을 때 역기능적인 현상이 발생할 수 있다고 이야기합니다. 대표적으로 부모화 경향성을 예로 들 수 있습니다. 자녀 체계에 위치하는 아이들이 오히려 부모의 역할을 대신 수행하는 것을 말하죠. 자녀는 자녀의 체계 속에서 충분히 사랑과 보호를 받아야 합니다. 부모의 역할은 부모 체계의 몫임에도 다양한 이유에서 그렇지 못한 상황이 발생합니다. 이러한 경우 문제가 발생할 수 있는데, 이때 부모와 자녀의 심리적 어려움을 다루기 위해 각자의 체계 내에서 역할이 잘 수행되고 있는지 우선적으로 살펴봅니다.

가족의 구조적 특성으로는 '가족항상성(Family Homeostasis)'을 들 수 있습니다. 이는 가족 내에서 형성되어 있는 기존의 상태를 유지하고자 하는 성향을 말합니다. 가족의 균형 상태가 위협받는 상황에 처하면 자동적으로 이전 상태로 회귀하려는 본능적인 현상을 보인다는 것이죠.

부모가 자녀 앞에서 싸우는 모습을 자주 보이거나 여러 갈등이 내재된 상태라고 가정해봅시다. 이때 아이가 갑작스럽게 병리적 증세를 보이거나 바람직하지 않은 행동을 보이면 일시적으로 부모의 갈등이 완화되는 것처럼 보이고 가족의 기능이 회복됩니다. 여기서 아프거나 일탈 행동을 보이는 아이를 '희생양'이라고 합니다.

개인이 느끼는 어려움을 해결하고 더 나은 방향으로 나아가기 위해 개인이 속한 가족 내에서 일어나는 기능적인 측면과 역기능적 측면, 그 구조를 살펴보는 과정은 매우 중요한 일입니다.

부모를 위한 심리 가이드

부모와 자녀로 이뤄진 가족은 가족항상성과 체계, 그리고 가족 경계를 유지하기 위해 가족 규칙과 가족 신화를 생산합니다. '가족 규칙(Family Rules)'은 표면적으로 드러나지는 않으나 관찰을 통해 알아낼 수 있는 규칙입니다. 쉽게 말해 가족 내에서 형성된 가르침, 가치관이라고 볼 수 있죠. 이러한 규칙이 구성원 간의 논의를 통해 확립된 것이라면 바람직한 측면이 있습니다. 또한 시간의 흐름에 따라 변동 가능한 개방적인 규칙이라면 합리적이라고 볼 수도 있겠죠. 예를 들어 아이들이 중학생 시절에 귀가 시간에 대한 가족 규칙을 7시로 정했다고 가정해봅시다. 만일 아이들이 대학생이 되고 사회생활을 시작한 시점에도 그대로 7시로 변함없이 유지한다면 더 이상 지킬 수 없는 규칙이 될 것입니다. 이 경우 자녀의 성장 발달을 고려하지 않은 독단적인 가족 규칙이 되어 역기능적 측면이 강조됩니다.

'가족 신화(Family Myths)'는 가족 구성원이 공유하는 잘못된 기대와 신념이라 할 수 있습니다. 가족 신화는 주로 역기능적 가족이 내부에서 일어나는 상호작용을 합리화하기 위해 활용합니다. 이러한 가족 신화는 부분적으로 가족 응집성을 위한 방어기제와 같은 기능을 하기도 하지만 해당 체계에서 자녀가 분리하려고 하는 순간에는 부정적으로 작용할 수 있습니다. 예를 들어 "아이들을 돌보는 것은 엄마의 몫이고 아빠는 경제활동에 전념해야 한다.""자녀는 부모의 말을 따르는 것이 도리고 효도다.""이상적인 가정에서 부부는 싸우지 않는다." 등과 같은 가족 신화가 그러합니다. 만일 이러한 가족 신화가 형성된 가정이라면 표면적인 화합과 조화가 결코 긍정적인 가족의 기능이라고 하기 어려울 수 있겠죠.

실전 연습

표면적으로 드러나지 않을지라도 가정 내에서 유지되고 있는 가족 규칙이나 가족 신화가 있는지 떠올려봅시다. 때로는 부모의 부모, 원가족에서부터 정해진 가족 규칙이 그대로 고수되기도 합니다. "부모의 의견에 반대하는 것은 불효를 저지르는 것이다."라는 신념을 따랐던 자녀가 성장해서 가족을 이룬다면 이러한 신념을 이어갈 가능성이 높습니다. 자녀가 부모가 원하는 방향대로 따르지 않으면 저항이고 불효라고 규정해버릴지도 모릅니다. 그러한 이유에서 원가족으로부터 이어지고 있는 가족 규칙이나 가족 신화를 점검해볼 필요가 있습니다.

물론 가족 규칙이 늘 부정적으로 작용하는 것은 아닙니다. 제 경우 초등학교 때까지는 일요일 아침식사는 항상 가족과 함께하는 시간이었습니다. 일요일 아침이면 어머니는 커다란 전기 프라이팬으로 부대찌개를 끓여주셨습니다. 찌개가 보글보글 끓어오르면 라면사리에 콩나물을 넣어 주셨죠. 가장 좋아하는 TV 프로그램 〈야! 일요일이다〉도 그쯤 시작했으니 그야말로 완벽한 아침이었습니다. 성인이 된 지금도 이때의 기억이 '행복'으로 자리 잡아 있습니다.

자녀의 성장 과정에 따라 유연하게 적용될 수 있는 가족 규칙은 가족을 단단하게 규합하는 버팀목이 될 수 있습니다. 그러니 가족 규칙이 언제나 부정적이라고 볼 순 없겠죠. 현재 가족 내에서 형성된 가족 규칙이나 가족 신화가 있다면 떠올려봅시다. 그다음 질문에 답을 작성해봅시다.

1. 현재의 가족 혹은 원가족과의 체계에서 형성된 가족 규칙이나 가족 신화가
있나요?

2. 이러한 가족 규칙이나 가족 신화는 현재의 삶에 어떤 의미로 남아 있나요?

3. 앞으로 5년 후, 10년 후에도 의미 있는 가족 규칙과 가족 신화일까요?

4. 아이가 훗날 성장하면 지금의 가족 규칙이나 가족 신화를 어떻게 변경해야
할까요?

자기분화로
성숙도를 높이다

가족치료의 선구자 머레이 보웬(Murray Bowen)은 다세대 가족상담 이론을 통해 이상적이고 성숙한 가족의 형태를 원가족과의 정서적 유대 관계에서 분리 독립한 정도, 즉 자기분화 수준이 높은 가족이라고 설명합니다. 이 이론에서 가장 핵심적인 부분이 바로 '자기분화(Differentiation of Self)'인데요. 자기분화는 개인이 원가족과의 정서적 융합에서 벗어나 자율적으로 기능하게 되는 과정을 말합니다. 보웬은 자기분화 수준을 정신 내적 측면과 대인관계 측면으로 나누어 설명합니다. 정신 내적 측면은 사고와 감정을 분리하는 능력을 말하고, 대인관계 측면은 나와 타인을 구분하는 능력을 말합니다.

원가족으로부터 독립을 이루어 높은 자기분화 수준을 갖추는 것은 사회 구성원으로서, 그리고 자녀를 양육하는 부모로서 매우 중요한 의미를 갖습니다. 정신 내적으로 자기분화 수준이 낮은 경우 주관적 감정에서 사고를 분리해내기 어려워 감정에 따라 반응하고 이성적 사고가 어렵습니다. 대인관계 측면에서 자기분화 수준이 낮은 경우 자아정체감 형성이 미흡해 권위적인 인물이 될 수 있고, 가족의 의견에 지나치게 의존하는 모습을 보입니다.

자기분화 수준은 단순히 개인의 독립성만을 의미하지 않습니다. 자기분화 수준은 다세대 전이 과정을 통해 다음 세대로 이어지기 때문입니다. 결혼을 통해 다음 세대의 가족을 구성하더라도 보통 비슷한 자기분화 수준을 가진 배우자를 만나기 때문에 그 수준이 계속 유지되곤 합니다.

'전통사회에서는 원가족과 분리 없이 평생을 살았는데 자기분화가 그리 중요한 것인가?' 하는 의문이 들지 모릅니다. 특히 경제적인 사정으로 인해 자녀가 결혼한 후에도 원가족으로부터 독립하지 못하고 융합되는 경우가 종종 있습니다. 자기분화는 원가족과의 관계를 끊어내는 단절의 의미가 아닙니다. 건강한 구성원으로서 자립성을 가지는 것이 바로 자기분화입니다.

자녀의 독립에 앞서 부모의 자기분화 수준을 알아보고자 하는 이유는 낮은 수준의 자기분화는 만성적인 역기능을 일으키기 때문입니다. 이에 대해 보웬은 자기분화 수준이 낮을수록 부부 사이에 갈등이 잦고, 결혼 만족도도 낮게 나타난다고 말한 바 있습니다. 높은 수준의 자기분화를 갖추면 결혼 만족도가 높아지고, 관계에 있어서 융합이 아닌 친밀감을 갖게 됩니다.

자기분화 수준은 부부 만족도에 영향을 미친다는 점에서 중요한 의미를 갖지만 그보다 중요한 부분은 따로 있습니다. 부모의 자기분화 수준, 특히 어머니의 자기분화 수준에 따라 양육 방식이 달라진다는 점에서 그렇습니다. 통제의 대상에 따른 차이로 양육 방식은 '행동적 통제 양육'과 '심리적 통제 양육'으로 구분할 수 있습니다. 행동적 통제 양육은 자녀에게 필요한 규칙을 제공하고 부모의 권위를 바탕으로 자녀의 독립성을 인정하는 방식을 말합니다. 심리적 통제 양육은 부모가 자녀에게 구체적인 원칙을 제시하지 않고 은밀하게 통제하는 것을 말합니다. 우리가 지양해야 할 양육 방식은 심리적 통제 양육입니다. 자녀에게 죄책감을 유발하거나, 애정을 철회하는 모습을 보여 불안감을 일으키는 방식으로 자녀의 심리 세계를 통제하는 것이 바로 심리적 통제 양육입니다.

실제로 다양한 연구에서 어머니의 자기분화 수준이 낮을수록 심리적 통제 양육의 수준이 높은 것으로 나타났습니다. 심리적 통제 양육은 자녀가 부모에게서 독립해 성장하는 것을 방해하는 요인입니다. 어머니의 자기분화 수준은 자녀를 양육하는 방식에 영향을 미치고, 그 방식에 따라 자녀에게 어머니의 자기분화 수준이 그대로 전수될 가능성이 높습니다.

사실 부부 간 갈등은 너무 자연스러운 일입니다. 몇십 년을 다른 가정에서 자란 두 사람이 만났으니 당연히 여러 갈등 상황과 마주하게 됩니다. 그 과정을 '어떻게 바라보는가?'에 따라 이후 가족 건강성이 결정됩니다. 이때 부부가 각자 자신의 자기분화 수준을 점검한다면 상황을 좀더 객관적으로 바라볼 수 있을지 모릅니다.

자신의 자기분화 수준은 관련 척도를 통해 측정해볼 수 있습니다. 예를 들어 "결정을 내려야 하는 상황에 도와줄 사람이 없으면 어려움을 겪는가?" "자신의 의견이 배우자나 주변 사람과 비슷해야 안심이 되는가?" 등 몇 가지 질문을 통해 자기분화 수준을 측정할 수 있습니다. 자신의 자기분화 수준을 확인하고 갈등 상황을 함께 조율한다면 적어도 서로의 마음을 오해하고 대화 없이 갈등이 증폭되는 상황은 예방할 수 있습니다.

하지만 여전히 부부 간의 갈등을 조율하는 것은 쉽지 않은 일입니다. 특히 우리나라는 효도와 독립을 양립할 수 없는 가치로 받아들이는 경우가 많아 부부 간의 갈등이 증폭되기도 합니다. 또는 가족 내에서 해결하지 못한 애착손상이나 상처로 인해 정서적 단절을 단행해 왕래를 끊고 회피하기도 합니다.

원가족으로부터 자기분화를 이루지 못한 부모는 양육 과정에서 겪는 다양한 불안과 감정 문제를 자녀에게 전달함으로써 해소하거나 회피하게 됩니다. 이 과정을 보웬은 '가족투사과정(Family Projection Process)'이라 설명합니다. 자기분화 수준이 낮은 가정일수록 이러한 가족투사 경향은 강하게 작동한다고 볼 수 있습니다.

원가족과의 자기분화 없이 융합되는 경우 다음의 문제가 발생할 수 있습니다. 우선 상대 배우자로 인해 우울, 두통 등이 유발되는 신체적, 정서적 역기능이 발생할 수 있고, 만성적인 부부간 갈등이 유발될 수 있습니다. 또한 자녀에게 비행, 학습 문제, 정서장애 등 다양한 역기능이 발생할 수 있습니다.

눈에 보이지 않는 마음에서 일어나는 일은 드러나지 않으니 관찰하기 어렵습니다. 눈으로 확인되는 결과가 수면 위로 떠오른 다음에야 비로소 볼 수 있죠. 아이에게 역기능적인 심리적, 신체적 증상이 발현되기 전에 가족 전체의 상황을 조망해볼 필요가 있습니다.

실전 연습

표면적으로 드러나지 않을지라도 가족 내에는 다양한 관계가 존재합니다. 부모와 자녀 혹은 형제자매 등 다양한 형태로 가족의 구조가 형성됩니다. 이러한 구조를 그림으로 표현한 것을 '가계도'라고 합니다. 가족상담과 관련된 다양한 이론에서 가계도가 등장합니다. 이론마다 기호의 의미는 약간씩 다를 수 있지만 보웬의 이론을 기준으로 가계도를 작성해봅시다.

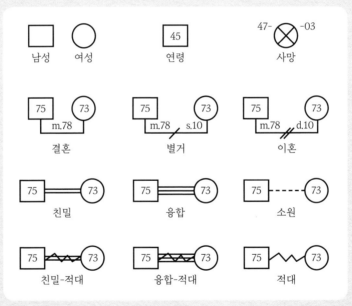

가계도 기본 표기

기본 표기를 보면 남성과 여성은 각각 사각형과 원으로 표기합니다. 세세히는 게이 커플, 레즈비언 커플 등 다양한 표기법이 있으나 가족구조를 파악하기 위한 작업이 니 아주 기본적인 정보로만 간단히 작성해봅시다.

기호 안에 숫자로 연령을 표기하고, 사망은 'X'로 표기하며, 출생년도와 사망년도는 좌우에 각각 표기합니다. 결혼과 별거, 이혼도 아래에 표기합니다. 가족 구성원 사 이의 관계를 파악하기 위해 상호작용도 함께 표기합니다. 구성원 사이가 친밀하다 면 두 줄, 융합의 관계라면 세 줄로 표기하고, 소원한 관계라면 점선으로 표기합니 다. 적대적인 관계는 지그재그로 표기하고, 친밀하면서 적대적인 관계나 융합되어

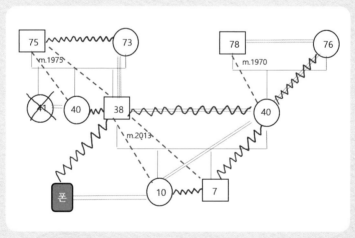

가상의 가족 관계를 표시한 가계도

있으면서 적대적인 관계도 따로 분류해 표기합니다.

가상의 한 가족 관계를 표시한 가계도를 봅시다. 이 구조적 관계에서 주목되는 것은 삼각관계입니다. 우리가 생각하는 삼각관계는 어떤 것인가요? 보통 연인 관계에서 맺어지는 갈등적 구조를 떠올리겠죠. 가족치료에서의 삼각관계는 어떤 두 사람 또는 한 사람이 그들의 관계에서 발생된 문제를 해결하지 않은 상태로 다른 문제를 끌어들여 긴장을 완화시키고자 하는 정서적 역동을 말합니다. 예를 들어 1대의 아버지와 어머니 사이가 불화 관계인데, 어머니는 아들과 융합의 관계를 형성해 아버지와의 불안과 긴장을 완화시키려는 모습을 보입니다. 아들은 어머니의 하소연을 들으며 자라 어머니를 지지하게 되었고 융합 관계가 유지됩니다. 이후 아내와 결혼한 후에도 그러한 융합 관계는 지속되었고 아내와 친밀한 관계이면서 동시에 갈등 관계가 형성됩니다.

아들은 1대의 아버지와의 관계와 마찬가지로 3대의 자녀들과도 소원한 관계를 맺습니다. 유난히 스마트폰에 집착하는 아들과의 관계가 점점 나빠지고 있고, 아들과 어색하고 소원한 관계를 회복하고자 대화를 시도해보지만 스마트폰 사용에 대한 지적으로 이어져 관계가 악화되는 과정이 반복됩니다. 한편 아내는 3세대 자녀인 아들과는 친밀한 관계를 유지하고 있으나 사이가 좋지 않은 아들과 딸 사이에서 종종 삼각관계를 경험하며 오빠에게 도전하는 여동생을 못마땅하게 여깁니다.

예시로 든 가계도에서 주로 호소되는 문제는 아들의 스마트폰 사용, 자녀 간의 불화 조정이라 할 수 있지만 원가족에서 경험한 삼각관계가 지속되고 있다는 점도 함께 고려해야 합니다. 또한 어머니와의 융합 관계는 남편과 아내의 갈등의 가장 큰 요인이 됩니다. 갈등에 직면하기보다는 긴장을 완화시키기 위해 다른 구성원과 삼각관계를 맺음으로써 내면에 있는 핵심적인 갈등을 풀어내지 못하는 상황입니다. 이러한 경우 고민을 해소하기 위해서는 원가족 때부터 내려오는 갈등 해결 방식부터 검토할 필요가 있습니다.

어떠한 가족구조가 완벽한 모습일까요? 당연히 해답은 없습니다. 누구에게 보여주기 부끄러운 가족구조는 없습니다. 그 관계를 있는 그대로 바라보는 것, 그리고 갈등 구조와 해결 방식을 가족과 함께 찾아가는 것이 갈등 해결의 첫걸음입니다.

독립에 관한
마음을 탐색하다

개인이 속한 가족, 그리고 원가족과의 관계를
바라보면서 가족의 체계를 이해하기 시작했다면 이제 자녀의 독립
에 대한 부모의 마음을 면밀히 살펴봐야 할 시간입니다. 아이가 부
모와 처음으로, 그리고 가장 오래 떨어지게 되는 첫 과정은 어린이
집이나 유치원 입학일 것입니다. 아이마다 입학하는 시기는 차이
가 있지만 대부분 이 과정이 아이와 부모 모두에게 커다란 스트레
스로 다가옵니다. 애지중지 키운 자녀를 첫 번째 교육기관에 입학
시키고 나면 부모는 복잡한 감정을 느낍니다. 아이가 기관에 적응
을 잘 할 수 있을까 걱정도 되는 한편, 아이가 없는 동안 잠시 자유
를 느끼기도 합니다. 그러면서 '이렇게 갑자기 해방감을 느껴도 되

는 건가?' 하는 두려움도 생겨납니다.

　울면서 떼쓰는 아이를 떠나보내는 부모의 심정은 걱정으로 가득합니다. 하지만 홀로 설 수 있는 경험이 필요하기에 흔들리는 마음을 다잡습니다. 물론 어린이집 밖까지 울려 퍼지는 아이의 울음소리를 들으면 '당장 문을 열고 들어가서 데리고 나올까?' 하는 생각도 듭니다. 이후 시간이 흘러 아이가 교육기관에 적응하고 씩씩하게 등원차량에 오르는 모습을 보면 대견한 마음도 듭니다. 그런데 갑자기 이상한 감정이 스멀스멀 올라옵니다. 아이가 사회에 적응하는 모습이 뿌듯하면서도 뒤도 돌아보지 않고 신나게 뛰어나가는 모습이 서운하기도 합니다. '오늘도 울면서 등원하면 어쩌지?' 하고 걱정하던 마음은 어디로 사라져버린 걸까요?

　그날 오후 참지 못하고 결국 엄마는 하원하는 아이에게 이렇게 말합니다. "유치원 가서 재미있었어? 엄마 생각은 안 했어? 엄마 보고 싶었어, 안 보고 싶었어?" 약간 다그치듯이 아이한테 질문을 쏟아냅니다. "우리 선생님 공주님 같아. 친절하고 너무 좋아!"라는 아이의 말에 또 유치한 질문을 합니다. "유치원 선생님이 좋아, 엄마가 좋아?" 사랑을 확인하고자 하는 마음에 혹은 가벼운 장난으로 던진 질문이지만 아이는 어른이 생각하는 것보다 훨씬 혼란스러울 수 있습니다. '어, 이상하다 엄마가 울지 말고 유치원 가서 친구들과 신나게 놀고 오라고 했는데, 엄마 표정은 왜 그러지? 유치원에서 엄마 생각 안 났는데 난 나쁜 아이인가?'

인지적 발달단계를 고려할 때 유치원 연령의 아이는 추론의 과정을 통해 엄마의 진짜 속마음을 알아차리기 쉽지 않습니다. '우리 엄마는 사실 유치원에 즐겁게 가는 내 모습을 보면서 매우 기쁘고 자랑스러운 마음이 들었을 거야. 그런데 한편으로는 서운한 기분이 들어서 내 사랑을 확인해보고 싶은 마음에 가볍게 물어본 질문일 거야. 그만큼 엄마는 나를 사랑하는 거야.' 이런 생각을 할 수 있는 6~7세 아이는 존재하지 않을 것입니다.

한두 번 서운한 마음에 장난스럽게 한 말이라면 큰 문제가 되지 않습니다. 그런데 그런 방식으로 아이를 대하는 것이 고착화되면 아이도 부모도 서로의 진짜 속마음을 알지 못하는 혼란스러운 관계가 되어버릴지 모릅니다. 한 번 떠보듯이 물어보고 아이 반응이 좋지 않다고 '농담'이라는 말로 얼버무려선 안 됩니다. 어떤 마음에서 그렇게 이야기하는지 이면에 담긴 뜻까지 아이가 먼저 알아차리고 대응할 수 없으니까요.

많은 분이 자녀의 독립을 바라볼 때 시원섭섭하다고 표현합니다. 시원섭섭하다는 감정은 참 이해하기 어렵습니다. 아이가 홀로 서는 것이 대견하면서도 엄마가 할 수 있는 역할이 줄어드니 상실감이 들기도 합니다. 여러모로 복잡한 감정입니다. 성인인 우리야 상대의 이러한 심정을 이해하는 것이 얼마든지 가능하지만 아이는 그렇지 않습니다. 부모의 이러한 감정을 아이에게 자주 드러내면 아이와 부모 모두 심리적 어려움을 경험할 수 있습니다.

이 감정을 심리학적으로 살펴볼 필요가 있습니다. 어떠한 감정이나 태도가 상반되어 충돌하는 경우 우린 '양가감정(Ambivalence)'을 경험합니다. 양가감정은 쉽게 말해 슬픔, 상실감과 같은 부정적인 감정과 기쁨, 만족과 같은 긍정적인 감정이 함께 있는 상태를 말합니다. 양가감정은 2가지 정서가 대립하거나 복합적으로 나타나기도 합니다. 영화 〈인사이드 아웃〉에는 5가지 감정이 각기 다른 색을 보이다가 한 구슬에 2가지 색이 뒤섞여 표현되는 장면이 나옵니다. 주인공이 경기에서 실수를 해서 슬픔이 가득한 가운데 가족과 친구의 위로로 긍정적인 감정을 동시에 느꼈기 때문입니다.

부모님을 떠올려봅시다. 어떤 감정이 드나요? 존경스럽고 감사한 존재라는 점에 이견이 없을 것입니다. 하지만 이 세상에 100% 긍정적인 감정만 떠오르는 존재는 없습니다. 당연히 서운하고 미운 부정적인 감정도 떠오를 것입니다. 아이 역시 부모인 우리에게 고마운 마음과 서운한 마음을 동시에 가질 수 있습니다. 사실 양가감정은 어떠한 상황이든, 대상이 누구든 자연스럽게 경험하는 감정일지 모릅니다. 하지만 많은 사람이 양가감정의 존재를 쉽게 받아들이지 않으려 합니다. 다양한 정서가 존재함에도 우린 종종 긍정적인 감정, 즉 정적 정서에는 호의적이면서 부적 정서는 금기시하거나 부정해버리곤 합니다.

아이를 통제하는 상황이 생기면 부모도 아이도 매우 불편한 감정을 경험합니다. 아이는 금방 천사에서 악마로 돌변해 눈을 흘기며 "엄마 미워! 진짜 싫어!"라고 소리치죠. 그럼 부모는 이렇게 대응합니다. "너 엄마한테 그게 무슨 말이야? 엄마가 해준 게 얼마인데!" 이러한 대응이 학습되면 아이는 화가 나서 올라온 부적 감정을 드러내선 안 되는 감정으로 인식하고 꽁꽁 숨겨버립니다. 때로는 부모에게 그런 감정을 가졌다는 사실만으로도 죄책감을 느끼죠.

아이에게 알려주세요. 아이가 하고 싶은 일을 모두 허락할 수는 없고, 때로는 부모와 의견이 다를 수도 있다고요. 그로 인해서 순간적으로 엄마가 미워질 수 있다는 사실을 아이가 받아들여야 합니다. 그러한 기분은 그 순간 떠오르는 감정일 뿐이지 영원 불변한 것이 아닙니다. 아이가 자신의 감정을 솔직하게 인정하고 바라볼 수 있는 허용적인 환경이 조성된다면 좀 더 유연한 사고가 가능해집니다.

감정은 하늘에 떠 있는 구름과 같습니다. 어느 날은 시꺼먼 먹구름이 가득하지만 영원히 정체되어 있는 기류는 없습니다. 번개가 치든, 소나기가 내리든 어떠한 과정이 지나면 사진을 찍고 싶을 만큼 예쁜 구름이 찾아 옵니다.

실전 연습

양육 과정에서 경험할 수 있는 부모와 자녀의 양가감정에 대해 알아봤습니다. 이러한 감정의 흐름을 살펴보는 또 다른 이유는 자녀 양육에 있어서 '이중속박(Double Bind)'을 하지 않기 위함입니다. 이중속박이란 서로 모순되거나 상반되는 메시지를 지속적으로 전달하는 것으로, 그러한 메시지를 받는 입장이 되면 이러지도 저러지도 못한 채 꽉 묶이게 됩니다.

예를 들어 울지 않고 씩씩하게 유치원에 가면 기특하고 자랑스럽다고 했는데 막상 그렇게 하자 엄마의 표정이 좋지 않다면 아이는 어떤 생각이 들까요? 오히려 유치원에 가기 싫다고 떼쓰고 울 때 엄마의 관심과 사랑을 한껏 받는 기분이 든다면 아이는 그 귀엽고 작고 예쁜 머리로 어떤 생각을 할까요? '유치원에 가면서 울어야 하나?' '유치원에 가기 싫다고 해야 하나?' '엄마는 유치원 이야기하는 걸 싫어하나?' '유치원 선생님을 따르고 좋아하는 내 마음이 잘못된 건가?' 이러지도 저러지도 못하고 생각의 사슬에 묶이게 됩니다.

엄마의 표정, 감정을 예민하게 살피고 반응하는 민감성 높은 아이라면 이러한 상황이 특히 더 힘들 것입니다. 부모의 의도와는 달리 마치 풀지 못한 수수께끼를 푸는 것처럼 혼란스러울 수 있습니다. 이러지도 저러지도 못하게 만드는 이중속박 메시지를 지속적으로 경험하면 심리적인 혼란을 겪기 쉽고, 정서적으로 성장하기 어려울 수 있습니다.

자녀의 독립,
단계별로 준비하다 ①

　　혹시 '맘고리즘(Momgorithm)'이란 말을 들어본 적이 있나요? 엄마를 뜻하는 '맘(Mom)'과 문제 해결을 위한 절차나 규칙을 뜻하는 '알고리즘(Algorithm)'의 합성어로 육아에서 벗어나지 못하는 요즘 엄마들의 현실을 빗댄 신조입니다. 흔히 우리는 시간이 자녀의 독립 문제를 해결해줄 것으로 기대합니다. 하지만 고등학생이 되면 대학 걱정, 대입 이후엔 취업 걱정, 취업 이후엔 결혼 걱정, 결혼 이후엔 출산 걱정, 출산 이후엔 손주 양육 걱정, 그리고 다시 손주 학업 걱정 등 고민은 꼬리의 꼬리를 물고 이어집니다.

　조부모와 손주 사이에 끼어 있는 부모 세대라면 '독립'에 대해 모호한 감정을 갖고 있기 마련입니다. 만일 시댁과 친정, 양가 부모로 부터 독립하는 것이 불효처럼 느껴진다면, 더불어 자녀를 독립시 키는 과정에서 아이의 요청을 거부하는 무정한 부모가 되는 것 같 아 죄책감이 든다면 이제라도 독립의 개념을 재정립할 필요가 있 습니다. 내 안에서 독립의 개념을 바로 세우지 않으면 심리적인 어 려움을 경험할 수 있습니다.

자신이 원가족으로부터 성공적으로 독립하지 못했다고 해서 그 의존의 고리를 자녀 세대까지 이어지게 하면 장기적으로 더 큰 고 통을 초래할 수 있습니다. 독립을 시키는 부모도, 자립하는 자녀도 그 과정이 결코 편안하지만은 않습니다. 하지만 나와 자녀의 성장 을 위해서라도 그 과정을 미뤄서는 안 됩니다.

앞서 자녀를 독립시키는 과정에서 겪게 되는 부모의 양가감정에 대해 알아봤습니다. 그런데 부모가 자신의 이러한 감정을 이해하 고 수용하게 되었다고 해도 자녀의 독립은 요원하기만 합니다. 왜 냐하면 '준비'가 되어 있지 않기 때문입니다. 어두운 방 안에 아이 를 홀로 두고 울든 말든 방치해서 잠들게 하는 방식이 완전한 '수 면독립'이 아니듯이, 어느 날 갑자기 아이에게 "자, 이제 다 컸지? 오늘부터 너 혼자 스스로 해결해."라고 아이를 내모는 것도 진정한 독립이라고 할 수는 없습니다. 그렇다면 자녀의 진정한 독립을 위 해 어떠한 준비가 필요한 걸까요? 하나씩 알아봅시다.

먼저 선택의 자유와 그에 따른 책임을 경험하게 해야 합니다. 홀로 선다는 것은 선택과 책임을 바탕으로 합니다. 많은 부모가 '부모'라는 이유로 아이가 무언가를 선택하기도 전에 최적의 조건을 갖춘 답안을 제시해 아이의 결정권을 제한합니다. 이 경우 아이가 할 수 있는 일은 받아들이거나, 반항하거나 둘 중 하나입니다. 물론 아이가 위험요소가 내재된 길보다는 확실하고 안전한 길을 걷기 바라는 부모의 마음을 모르는 것은 아닙니다. 하지만 이는 결코 허용적이고 민주적인 양육 방식이라 할 수 없습니다.

무엇보다 자신이 이러한 양육관을 갖고 있다는 사실을 인식하는 것도 어렵고 벗어나기도 쉽지 않습니다. 예를 들어 출산 예정일이 다가오면 부모는 '출산 가방'에 필요한 물건들을 미리 담아 준비합니다. 목록을 살펴보면 겉싸개, 속싸개, 손싸개, 발싸개 등 '싸개'가 참 많습니다. 몸도 못 가누는 아이가 깜짝깜짝 놀랄 수 있으니 속싸개로 꼭 묶어서 안정감을 주고, 손톱으로 얼굴에 상처를 낼 수 있으니 손도 손싸개에 쏘옥 넣어둡니다. 어머니 세대에도 그렇게 해왔고 가까운 선배들도 그렇게 키웠다고 하니 의심 한 번 해본 적 없이 그대로 따랐습니다.

그런데 둘째를 낳고 그러한 생각이 바뀌었습니다. 해외에 거주할 때 둘째를 낳았는데 현지 간호사 선생님이 글쎄 싸개를 하지 말라는 것입니다. "아이가 손톱으로 얼굴을 긁어서 상처를 낼 수 있지 않느냐?"라고 묻자 "상처는 금방 아물고 치료되지만 아이가 탄생 초기에 경험하는 촉감과 움직임을 통한 발달은 결정적 시기가 지나면 되돌리기 어렵다."라는 답변이 돌아왔습니다. 그 일을 계기로 기존에 갖고 있던 생각의 틀이 꼭 정답은 아니라는 사실을 깨닫게 되었습니다.

부모 입장에서 아이 얼굴에 상처가 생기면 볼 때마다 마음이 아프고 속상합니다. 하지만 그렇다고 여러 '싸개'로 눈에 보이지 않는 학습의 과정을 방해해선 안 됩니다. 때때로 상처가 생길 수 있지만 아픔을 느끼는 그 과정도 학습의 한 과정입니다. 자율 의지로 몸을 가누다 상처가 생겨 '아픔'을 학습하면 그러한 행동의 빈도는 줄어들 것입니다.

물론 선택의 자유를 준다는 것과 무책임한 방임은 분명한 차이가 있습니다. 아이가 앞으로 마주할 여러 선택의 갈림길에서 크고 작은 성공과 실패를 경험하도록 하는 이유는 성장을 돕기 위함이지 단순히 시련을 주기 위함이 아닙니다. 아이가 크게 다치고 좌절하지 않도록 선택의 범위와 한계를 일정 부분 제한할 필요는 있습니다. 예를 들어 손싸개를 하지 않고 자유롭게 촉감을 경험하도록 허용했다면 아이의 손톱을 잘 손질해서 가능한 상처를 입지 않도록 유도해야 합니다. 또 아이의 손이 닿을 만한 곳에 위험한 물건이 없도록 세심히 살펴야 합니다.

부모를 위한 심리 가이드

에릭 에릭슨(Eric Ericson)의 심리사회적 발달이론을 통해 아이 독립의 방향성을 모색해봅시다. 아이의 독립은 아이가 성인이 되면서 저절로 이뤄지는 것이 아니라, 단계별로 준비해서 풀어야 하는 과업에 가깝습니다. 심리사회적 발달이론에서는 발달단계를 8단계로 세분화해 각 단계별로 존재하는 위기를 제시합니다. 각 단계별로 위기를 잘 넘기면 발달과업을 달성한다는 개

에릭슨의 8단계 발달이론

단계	발달과업 vs. 위기	연령
1	신뢰 vs. 불신	0~1세
2	자율성 vs. 수치심	1~3세
3	주도성 vs. 죄책감	3~6세
4	근면성 vs. 열등감	6~12세
5	정체감 vs. 역할 혼돈	12~20세
6	친밀감 vs. 고립감	20~40세
7	생산성 vs. 침체감	40~65세
8	자아통합 vs. 절망감	65세~

넘입니다.

아이가 태어나 1세까지는 양육자의 보살핌에 온전히 의지하게 됩니다. 1단계에 해당하는 이 시기에는 주양육자의 보살핌에 온전히 의지합니다. 2단계인 초기 아동기에는 스스로 일어서고, 걷고, 음식을 먹는 등 자율성의 의지를 보입니다. 특히 2단계 시기에 중요한 것은 배변 훈련인데요. 배변 훈련을 통해 자기통제감을 경험하기 때문입니다. 음식을 입에 넣어 삼키고 소화시켜 대장운동을 통해 몸 밖으로 밀어내는 그 과정은 온전히 독립적인 과정입니다. 배변을 마무리했을 때 느끼는 성공 경험은 아이의 성장에 매우 중요한 부분이라 할 수 있습니다.

3단계인 후기 아동기에는 또래의 관계에서 주도성을 달성하고자 노력합니다. 이 시기의 아이는 자주 "내가 할래!"라며 스스로 하겠다는 의지를 보이곤 하죠. 4단계 학령기에 이르면 아이는 단체생활을 통해 다양한 유능감을 경험합니다. 근면함을 통해 성공적으로 목표를 달성하려 노력합니다. 목표 달성에 실패할 경우 열등감을 느끼게 됩니다. 5단계는 청소년기에 해당합니다. 이 시기에는 자아정체감을 형성함으로써 다양한 성취감과 건강한 성장을 위한 발판을 마련합니다.

에릭슨의 심리사회적 발달이론이 기존의 이론과 다른 이유는 우리의 발달과 성장이 성인기에도 지속된다는 점입니다. 성인 초기인 6단계에는 다양한 사회적 관계를 통해 친밀감을 형성하고, 7단계가 되어 성인 중기에 이르면 생산성을 달성해야 하는 발달과업과 맞이합니다. 이 모든 과정을 지나 마지막 8단계에서는 자신의 삶에 대한 통합을 이루게 됩니다. 발달의 과정은 죽음에 이르기까지 계속 지속됩니다.

아이의 독립은 6단계가 되어 성인이 되는 시기가 아닌, 그 이전부터 시작되어야 한다고 볼 수 있습니다. 특히 2단계에 경험하는 자율성과 3단계의 주도성은 독립에 있어 매우 중요한 요소에 해당합니다.

앞서 소개한 에릭슨의 심리사회적 발달이론에 따르면 자율성은 2단계인 초기 아동기에 발현됩니다. 아이는 걷기 시작하면서부터 자신의 의지대로 이동하고 탐색하고자 하는 모습을 보입니다. 그런데 아이가 아장아장 걷는 시기가 되면 부모의 걱정은 한도를 초과합니다. 갑자기 위험한 것을 만지거나 차도로 뛰어들지 않을까 싶어 아이의 고사리 같은 손을 더욱 꽉 움켜쥐기도 합니다. 부모가 불안이 높고 예민한 편이라면 이 시기가 아이와 부모 모두에게 매우 괴로울 수 있어요. 이 시기에 부모는 아이가 충분히 탐색하고 자유롭게 세상을 경험할 수 있도록 위험요소를 적절히 통제하는 수준에 머물러야 합니다.

아이가 걱정된다면 끈이 달린 가방을 착용시키는 방법이 있습니다. 요즘에는 '미아방지배낭'이라는 이름으로 보편화되었지만, 제가 아이를 키우던 15년 전만 해도 이러한 가방을 이용하면 "개 끌고 다니는 것도 아니고 애한테 불쌍하게 뭐하는 거냐?" 하는 지적을 종종 받곤 했습니다. 물론 돌발 상황에 대비하기 위한 최소한의 장비라고 생각했기 때문에 그 의견에 동의하진 않았죠. 미아방지배낭 덕분에 두 아이를 키우는 내내 위험한 일 없이 타인에게 피해가 되지 않는 범위 내에서 세상을 탐닉할 자유를 허용할 수 있었습니다.

걷고 움직이는 데서 충분한 만족감과 자신감을 얻은 아이는 "내가! 내가!"라는 말을 반복하며 무엇이든 스스로 하겠다며 나섰습니다. "내가 먹을래." "내가 그릴 거야." "내가 할 거야." 하며 고집을 피웁니다. 물론 자율성을 키우겠다고 모든 것을 허용할 순 없습니다. 무언가를 '할 수 없는' 상황을 아이에게 납득시키기 위해서는 일관성 있는 규칙이 필요합니다. 아이의 연령과 상황에 맞게 규칙을 발전시키고 변형시킬 수는 있지만 상황에 따라 이랬다저랬다 바뀌면 부작용이 생길 수 있습니다. 따라서 이러한 규칙은 단호하고 엄격할 필요가 있습니다.

허용 범위와 조건을 충분히 설명해준 다음 아이에게 일정 부분 자유를 허락해주세요. 예를 들어 아침은 부모도 출근 준비로 바쁜 시간이기 때문에 어느 정도 아이를 규제할 필요가 있습니다. 이때 자율성을 키우겠다고 자유를 허락하면 스트레스만 커지겠죠. 자율성은 아이가 시행착오를 겪어도 괜찮을 때, 부모가 심리적으로 신체적으로 피로가 덜하고 여유 있을 때 키우면 됩니다.

거실에서 비닐을 펴고 물감놀이를 한다고 가정해봅시다. 아이가 어딘가에 물감을 던지거나 털어낼 수 있겠죠. 이 정도 돌발 행동은 충분히 예상하고 예방할 수 있습니다. 이때 부모의 독단적인 판단으로 체험놀이를 이끌고 진행해선 안 됩니다. 아이에게 허용 가능한 범위를 명확하게 알려주는 것이 좋습니다.

일상에서 쉽게 할 수 있는 체험놀이를 하나 추천하자면, 목욕 전에 물감으로 욕실 벽에 그림을 그리는 활동이 있습니다. 이때 먼저 욕실 벽이 물로 깨끗이 지워질 수 있는지, 피부에 직접 닿아도 괜찮은 물감인지 고려해야 합니다. 시간이 충분히 허용되는 여유 있는 시기에 체험놀이를 즐긴다면 아이에게 광장히 유의미한 활동이 될 것입니다. 그림을 다 그린 후엔 뒷정리도 아이와 함께 하면 좋겠죠.

자녀의 독립,
단계별로 준비하다 ②

아이에게 도전 과제를 주고 어떻게 극복하고 해결하는지 관찰하는 TV 프로그램을 본 기억이 있습니다. 개인적으로 시청하면서 재미보다는 조마조마한 감정을 느꼈습니다. 출연진인 할머니는 각본대로 아이에게 "할머니 나갔다 올 테니까 집에 혼자 있어!"라고 말한 다음 퇴장합니다. 보호자 없이 혼자 남은 아이는 불안해하다 결국 울음을 터뜨립니다. 한참 뒤에 돌아온 할머니는 아이를 달래지 않고 "나이가 몇 살인데 이것도 못하니?"라며 핀잔을 줍니다.

이 밖에도 혼자 밖에 나가 무언가를 사오기, 혼자서 옷 입기, 혼자 동생 돌보기 등 매우 다양한 도전이 등장합니다. 물론 정말 아이를 방치하는 게 아니라 주변에 보호자가 숨어 있을 테니 큰 위험은 없겠지만, 예능적 재미를 위해 아이에게 심리적인 위협감을 주는 건 아닌가 싶어 불안했습니다. 도전이 늘 성공으로 이어지는 것은 아니니까요.

아이의 홀로 서기 과정에서 부모는 종종 "자, 이제부터 너 혼자 해봐!"라는 말을 합니다. 이제 동생이 생겼으니까, 이제 유치원에 가니까, 이제 초등학교에 가니까, 이제 다 컸으니까 등 다양한 이유로 아이에게 새로운 도전을 강요합니다. 아이는 아이이기 때문에 당연히 부모가 기대했던 목표에 도달하지 못하는 경우도 있겠죠. 목표 도달에 실패하면 의기소침하거나 좌절할 수 있고, 더 나아가 어떤 일에 도전하는 일 자체를 두려워할 수 있습니다.

독립을 준비하는 단계에서 가장 중요한 것은 '성공 경험'을 쌓는 일입니다. 꼭 대단한 무언가를 달성해야만 그러한 경험이 쌓이는 것은 아닙니다. 성공 경험은 아주 사소하고 쉬운 일에서부터 시작됩니다. 스스로 무언가를 해냈을 때 경험하는 성취감은 아이의 발전적인 성장을 유도하는 촉매제가 됩니다. 이때 성공 경험을 쌓게 하겠다는 명목으로 아이가 해내기 힘든 과업을 무리하게 떠넘긴다면 심리적으로 위축되고 도전에 소극적인 아이가 될 수 있습니다.

무언가 새로운 것을 학습하고 익히는 과정에서 효과적으로 활용할 수 있는 것이 '조성(Shaping)'입니다. 조성은 복잡하고 어려워 습득하기 힘든 어떠한 과제를 작은 단계로 나누고, 각 단계에 도달할 때마다 긍정적 보상을 제공해 전체를 학습하게 하는 것입니다.

돌고래쇼나 원숭이 공연을 보면 '어떻게 저런 동작을 할 수 있을까?'라는 생각이 들곤 합니다. 동물복지에 관한 논의를 떠나 학습심리의 관점에서 보자면, 동물 훈련에 적용되는 방식이 바로 조성입니다. 전체 공연이 'A+B+C+D+E'로 구성되어 있다면 각 단계의 동작을 달성했을 때마다 보상을 제공함으로써 전체 과제를 완성하는 것이죠. 이러한 방식은 독립을 연습하는 우리 아이에게도 유효합니다.

아이는 성장함에 따라 걷기, 배변하기, 젓가락으로 음식 먹기 등 많은 것을 학습하고 스스로 할 수 있게 됩니다. 어떠한 일은 어느 순간 알아서 능숙해지기도 하지만 아이마다 특별히 어려워하는 분야도 있기 마련입니다. 그동안 인내심 있게 아이를 기다려주고 도와주던 부모도 아이가 초등학교에 입학할 무렵이 되면 갑자기 조바심이 납니다. '우리 아이가 학교에서 뒤처지면 어떡하지?' 하는 걱정과 불안이 스멀스멀 올라옵니다.

한글로 자기 이름 쓰기, 가족 이름 쓰기, 숫자 셈하기, 친구들과 잘 지내기, 수업시간에 집중해서 앉아 있기 등 걱정거리는 끝이 없습니다. 등교 준비로 바쁜 아침이면 '이제 초등학생인데 옷 정도는 스스로 입어야 하지 않을까?' '등하교는 언제부터 혼자 할 수 있지?' 하는 생각도 듭니다. 그런데 아이가 스스로 옷을 입는 일도, 혼자 등하교하는 일도 하루아침에 뚝딱 이뤄지진 않습니다. 만일 어느 날 갑자기 "이제부터 혼자 옷 입고, 알아서 등교해!"라고 강요한다면 아이는 큰 좌절과 불안을 경험할 것입니다. 그러므로 충분한 연습과 훈련을 통해 부모도 아이도 서로 스트레스 없이 자연스럽게 성공 경험을 쌓을 필요가 있습니다. 이때 필요한 개념이 바로 조성의 원리입니다.

옷 입기를 예로 들면 먼저 아이가 옷을 입는 순서를 정합니다. 상의, 하의, 양말, 외투, 책가방 순서로 5단계의 과정이 필요하다면 1단계부터 아이에게 맡기는 것이 아니라 가장 마지막 단계인 5단계부터 1단계까지 역순으로 과제를 부여합니다. 예를 들어 처음에는 1~4단계까지 부모가 도움을 주고 마지막 5단계인 책가방만 스스로 메게 하는 것입니다. 전체 과정에서 마지막 단계만을 독립적으로 수행한 것에 불과하지만 최종 목표를 달성했다는 만족감은 아이에게 그대로 전해집니다. 여기에 익숙해지면 그다음에는 1~3단계만 도와주고 4~5단계는 스스로 하게 합니다. 이렇게 점점 도와주는 단계를 축소해 차근차근 성공 경험을 쌓다 보면 최종적으로는 아이 혼자서 1~5단계를 능숙하게 해낼 것입니다.

각 단계별로 소요되는 기간은 숙달도에 따라 부모가 달리 설정합니다. 이때 단추가 많은 상의나 지퍼를 채우기 힘든 바지를 준비해 아이가 중간에 좌절하고 포기하는 일은 없어야 합니다. 멋지고 깔끔한 옷을 입히고 싶은 부모의 패션 욕심은 이 기간에는 잠시 접어두는 것이 좋습니다. 또 아침에 아무리 바빠도 답답한 마음에 중간에 대신 해결해주는 일도 없어야 합니다.

등교와 하교도 옷 입기와 마찬가지로 조성의 원리를 활용해 연습합니다. 먼저 통학로를 구간별로 구분해 단계를 나눕니다. 길이 구부러지거나 도로 사정이 나쁜 곳이 있다면 그곳을 기점으로 설정합니다. 예를 들어 그림과 같이 등굣길을 A~E 5단계로 구분할 수 있습니다. 옷 입기와 마찬가지로 역순으로 목표를 설정합니다.

처음에는 학교 앞인 E까지 부모가 함께 등교하고, 하교 시에도 E에서 아이와 만납니다. 이후 아이가 어느 정도 학교에 적응하면 헤어지고 만나는 지점을 D로 바꿉니다. 아이는 짧지만 D와 E 사이를 홀로 오가며 반복적으로 성공 경험을 쌓게 됩니다.

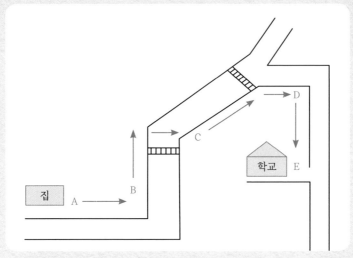

등굣길을 A~E 5단계로 구분한 예시

그렇게 차근차근 연습을 반복하면 어느 순간 A~E 전 구간을 아이 혼자서 통과할 수

있게 됩니다. 옷 입기와 마찬가지로 각 단계별로 소요되는 기간은 아이의 적응도에

따라 달리 설정합니다.

자녀의 독립,
단계별로 준비하다 ③

      아이가 혼자 어떠한 일을 성공적으로 해낸다는 것은 매우 의미 있는 일입니다. 그럼에도 종종 어른들은 아이가 홀로 서는 과정에서 느끼는 감정을 간과하거나, 그 과정 자체를 너무 쉽게 생각하는 실수를 범합니다.

  예를 들어 아이가 '버스 타고 내리기'에 도전한다면 부모는 아이에게 버스에서 타고 내리는 일련의 과정을 직접 보여줘야 합니다. 성인인 우리에게는 대중교통을 이용하는 것이 간단한 일이지만 아이에겐 그렇지 않습니다. 버스가 오면 번호가 맞는지 확인하고, 차례대로 버스에 탑승하고, 교통카드로 비용을 지불하고, 내리기 전에 하차벨을 누르고, 다시 한번 교통카드를 뒷문에서 찍고 내려야 합니다. 이 과정은 글이나 말로 가르치기는 어려운 부분입니다. 그 래서 저도 두 아이를 데리고 꾸준히 대중교통을 이용했습니다.

중고등학생이라면 버스를 혼자 타고 내리는 일이 특별히 자랑할 만한 경험은 아니겠지만, 초등학생에게는 무척 특별한 경험일 수 있습니다. 이러한 일을 혼자서 해낸 아이는 만족감과 함께 자기효 능감을 경험합니다. 이때 만일 부모가 자녀의 감정을 온전히 이해 하지 못하면 어떤 일이 벌어질까요? 자기효능감의 긍정적인 효과 는 반감되고 오히려 역기능을 불러일으킬지 모릅니다. 왜 그런 위 험한 일을 했느냐고 핀잔을 주거나, 남들도 다 하는 일을 가지고 뭐 가 그렇게 대단하냐고 평가 절하하면 공들여 쌓은 '자기효능감'이 란 이름의 탑은 그 위력을 발휘하지 못하고 무너질 것입니다.

홀로 서는 과정과 아이의 노력은 당연한 일이 아닙니다. 대단한 일이고 훌륭한 일입니다. 아이를 자랑스러워하는 부모의 마음을 표현하고 아이의 감정을 지지해주세요. 부모의 품을 벗어나 스스 로 무언가를 해낸다는 게 부모의 사랑을 거절하거나 서운하게 하 는 일이 아니라는 것을, 무척 자랑스럽고 대견한 일이라는 것을 느 낄 수 있게 해주세요.

"내가 할래!" 하고 고집을 피우는 아이를 '그래 어디 혼자 해봐!' 라는 마음으로 방치하고, 아이가 실패하면 "그거 봐, 엄마가 안 된 다고 했지! 고집 피우다가 다 흘렸잖아. 그냥 엄마가 해줄게." 하고 엄마가 해결사처럼 나서면 아이는 성인이 되어서도 의존적인 성향을 갖게 됩니다. 엄마의 그늘에서 벗어나면 엄마의 애정이 철회될지 모른다는 불안에 점점 더 수동적인 모습을 보이게 되죠. 이러한 경험이 누적되면 성인이 되어서도 원가족으로부터 독립하는 일에 어려움을 느끼게 됩니다.

아이가 무언가를 해냈을 때 충분한 보상과 부모의 칭찬이 따르지 않으면, 아이는 홀로 서는 과정을 부모가 힘들고 귀찮아서 시키는 일방적인 요구라고 느끼게 될지 모릅니다. 혼자 젓가락을 사용하는 것, 배변을 능숙하게 보는 것, 옷을 갈아입는 것 등은 모두 부모의 눈치를 보고 따르는 의무적인 일이 아닌, 만족감을 느낄 수 있는 도전과 성공의 과정이 되어야 합니다.

부모를 위한 심리 가이드

비슷한 연령대의 다른 친구들이 하지 못하는 일을 능숙하게 해낼 때 아이는 유능감을 경험합니다. 이때 경험할 수 있는 감정이 바로 '자기효능감(Self-Efficacy)'이라고 합니다. 자기효능감은 사회학습이론을 주장한 심리학자 앨버트 반두라(Albert Bandura)에 의해 알려진 개념으로, 자신이 어떠한 일을 성공적으로 수행할 수 있다고 생각하는 기대나 믿음이라 할 수 있습니다. 자신의 존재에 대한 평가적 측면인 자아존중감과는 조금 다른 개념으로, 아이에게 있어 자기효능감이 중요한 이유는 해당 요인이 인간의 삶에 다양한 영향을 미치기 때문입니다. 무엇보다 '학습'이라는 청소년기 때 경험하는 가장 어려운 목표를 성공적으로 달성하는 데 필요한 요소이기도 합니다.

자기효능감이 높은 아이는 풀기 어려운 문제에도 쉽게 포기하지 않습니다. 또 전반적인 삶의 만족도 역시 높은 편입니다. 부모라면 누구나 내 아이에게 가장 키워주고 싶은 능력일 거예요. 홀로 서기 과정을 통해 반복적으로 누적되는 성공 경험은 자기효능감 형성에 무척 중요한 요인으로 작용합니다. 자기가 무언가 할 수 있다는 믿음은 행동의 시도를 촉진하고, 이러한 도전이 다양한 영역으로 확대되어 자기효능감이 형성되고 단단해질 수 있습니다.

실전 연습

학교에 입학하면서 아이는 냉혹한 현실과 마주합니다. 가정에서 겪기 힘든 새로운 과업과 부정적인 평가, 행동의 제재를 경험하게 되죠. 입시라는 현실적인 문제 앞에 '학업 성취도'에 따라 우열이 나뉩니다. 결국 모든 영역에서 만족스러운 능력을 발휘하는 것은 사실상 불가능에 가깝습니다. 그렇기에 어린 시절의 성공 경험은 특히 중요하다고 볼 수 있습니다. 어린 시절에 자기효능감을 키운 아이는 전 과목에서 만점을 받지는 못해도 특정한 희망과 목표의식을 잃지 않을 것입니다.

그럼 자기효능감을 키워주려면 어떤 과정이 필요할까요? 과정은 사실 어렵지 않습니다. 아이가 노력으로 성취할 수 있는 분야를 찾아주면 됩니다. 아무 때나 쉽게 도전해볼 수 있는 손쉬운 방법 중 하나로는 줄넘기가 있습니다. 가정에서 직접 아이를 연습시키기 어렵다면 방과 후 수업이나 문화센터에 개설된 프로그램의 도움을 받으면 됩니다. 처음에는 10번도 못 넘기고 걸렸던 줄넘기가 연습할수록 늘어납니다. 10개는 물론이고 한 번도 끊지 않고 100개 이상을 넘기면 아이는 '처음에는 자꾸 걸리고 실패했는데 연습하니까 되네?'라고 생각하며 자기효능감을 키우게 됩니다.

방법은 다양합니다. 노력으로 발전적인 성과를 낼 수 있는 분야라면 무엇이든 상관없습니다. 뛰고 달리는 신체활동에 어려움이 있다면 소근육을 사용하는 악기 연주를 배우는 것도 한 방법입니다. 무언가를 배우는 과정에서 타인이 달성한 성과와 자신의 성과를 비교해선 안 되겠지만, 과거의 자신과 지금의 자신을 비교하는 것은 자기효능감 제고에 도움이 되는 매우 건강한 일입니다.

3장 아름다운 거리 유지하기

교육이 한 인간을 양성하기 시작할 때의 방향이
훗날 그의 삶을 결정할 것이다.

_플라톤

 ✦ 여는 글

유난히 춥고 어두웠던 어느 겨울날, 여느 때와 같이 두 아이를 태우고 등굣길에 나섰습니다. 차량 계기판이 평소와 다르게 조금 이상했지만 내비게이션 안내음과 아이들 수다 소리에 신경 쓸 겨를이 없었죠. 신호가 바뀌어 잠시 정차했는데, 옆 차에서 경적을 울리며 운전자분이 소리를 지르는 것 같았습니다. 무서운 생각이 들었지만 무언가 다급함이 느껴져서 창을 내리자 옆 차선에서 "라이트가 꺼졌어요! 그렇게 가시면 위험해요!" 하는 목소리가 들렸습니다.

훈계하는 말투는 아니었지만 그 내용은 선명하게 전달되었습니다. 고압적인 목소리였지만 오히려 정말 상대를 걱정해서 보내는 메시지처럼 느껴졌죠. 지금은 차종도 차량번호도 전혀 기억할 수 없지만 두고두고 감사함으로 남아 있습니다.

그때 저는 머리를 한 대 크게 얻어맞은 느낌이 들었습니다. '내가 도대체 정신을 어디다 두고 다니는 거야?' 라이트도 켜지 않은 채 아이를 태우고 운전하는 모습이 매우 위태로워 보였을 것입니다. 하지만 차 안의 상황에만 몰두하느라 정작 중요한 사실을 알지 못했습니다. 아이와 하루하루 바쁘게 시간을 보내다 보면 시야가 좁아져서 많은 것을 놓치게 됩니다. 아이와 가까이서 교감하고 온힘을 다해 양육하는 것도 중요하지만 너무 자녀에게만 몰두하면 예기치 못한 일이 벌어질 수 있습니다.

때로는 부모-자녀 관계에서 벗어나 외부 상황과 부모 자신의 감정의 움직임을 바라보는 시간이 필요합니다. 인지치료의 창시자 아론 벡(Aaron Beck)은 생각하는 것을 객관적으로 알아차리는 과정을 '거리두기'라고 표현했습니다. 코로나19 시대를 지나오면서 일상에서 체득한 거리두기의 노하우를 이제 자녀와의 관계에 적용할 때입니다. 긴밀하게 밀착되고 융합된 관계를 분리함으로써 아름다운 거리를 유지할 때, 이전에는 미처 발견하지 못한 내 아이의 참모습을 경험하게 됩니다.

냉정과 열정
사이

아이는 성장함에 따라 스스로 몸을 가누고 기본적인 욕구를 충족시킬 수 있게 됩니다. 실생활에 필요한 몇몇 행동을 독립적으로 수행하는데요. 예를 들면 혼자서 안전하게 횡단보도를 건너고, 등하교도 제법 능숙하게 해내고, 부모가 외출하거나 갑작스러운 일이 생겨도 혼자서 집에 들어와 쉬거나 놀기까지 합니다. 엄마, 아빠가 없으면 큰일 날 것처럼 눈물을 뚝뚝 떨어뜨리던 귀여운 아이가 이제는 어디 가자고 해도 그냥 집에 혼자 남겠다고 합니다. 그뿐만 아니라 늘 열려 있던 방문이 슬슬 닫히더니 이제는 열려 있는 시간보다 닫혀 있는 시간이 더 길어집니다.

그러던 어느 날 아이가 눈을 치켜뜨며 말대꾸를 합니다. 엄마는 당황스러움 반, 황당함 반 복잡한 감정으로 맞대응합니다. 버릇없는 태도는 초장에 잡아야 한다는 선배 엄마들의 가르침이 떠올랐기 때문입니다. 결국 아이는 엄마의 면전에서 쾅 소리를 내며 문을 닫아버렸고 한술 더 떠 문까지 딸그락 잠급니다. 많은 부모가 눈앞에서 방문이 쾅 닫힐 때 당혹스럽다고 이야기합니다. 처음에는 너무 황당하고, 그다음에는 화가 올라오고, 그다음에는 주도권을 빼앗기면 안 된다는 생각에 아이의 행동을 그냥 넘길 수 없다고 판단합니다. 아무리 인내심이 강한 부모일지라도 아이의 버릇없는 행동을 그냥 넘기기는 쉽지 않죠.

문을 박차고 안으로 들어갈 것인지, 아니면 이대로 물러설 것인지 선택의 순간에 직면합니다. 과거 인기 예능 프로그램 〈일요일 일요일 밤에〉에서 외치곤 했던 '그래! 결심했어!'라는 대사가 떠오르는 순간입니다. 그날의 결정은 문을 박차고 들어가는 것이었습니다. 그런데 화가 난 상태에서 발로 문을 힘껏 차고 나니 엄지발가락에 통증이 올라옵니다. 다행히 뼈에 이상은 없었지만 인대에 손상이 생겨 한동안 고생을 했습니다. 요즘에도 날씨가 좋지 않은 날이면 오른쪽 엄지발가락에 통증이 올라옵니다. 그때마다 그날의 부끄러운 행동을 상기합니다.

사건 이후 어디 가서 말도 못하고 혼자 부끄러워하던 참에 친구 집에 방문했는데, 이곳에서도 비슷한 갈등이 있었음을 확인합니다. 아이 방문 아래에 구멍이 뻥 뚫려 있었거든요. 친구도 저와 같은 상황에서, 같은 심정으로, 같은 대응을 한 것입니다. 사실 저와 제 친구뿐만 아니라 지금도 아이 방문이 온전치 않은 집이 꽤 많습니다. 혹자는 문고리를 아예 뚫었다는 분도 있고, 잠금장치를 뺐다는 분도 있습니다. 너무 화가 나서 문짝을 그대로 떼서 버렸다는 분도 있고요.

왜 과거에는 부모가 어떤 이야기를 하면 말 그대로 듣는 '시늉'이라도 했던 아이가 갑자기 말대꾸를 하거나 짜증을 내게 된 걸까요? 사실 침착하게 앞뒤 상황을 보면 이해할 수 있는 일에 부모도 '욱'하는 마음이 들어 때로는 미성숙한 반응을 보이곤 합니다. 자라면서 아이는 이전과는 분명히 다른 개체가 되어 부모에게 다른 반응을 보입니다. 갈등의 시작은 그 변화를 감지하지 못하거나, 수용하지 못하는 지점에서 시작됩니다.

사춘기 아이를 키우는 부모라면 가정의 평화를 위해 애정과 열정 가득했던 과거를 잊어야 할지 모릅니다. 과거처럼 뜨거운 사랑의 마음으로 다가가면 엄청나게 큰불이 붙어서 서로에게 화상을 입힐 수 있으니까요. 하지만 그렇다고 '아이들과 연을 끊어버리겠다.' '꼴도 보기 싫다.' '지금까지 해준 게 얼마인데?' 하는 냉정함은 지양해야 합니다. 사춘기 때 냉대를 받으면 관심과 애정이 결핍되어 마음이 꽁꽁 얼어붙어 이후에는 어떤 노력을 기울여도 관계 개선에 어려움을 겪을지 모릅니다. 그렇다면 냉정과 열정, 그 어디쯤에서 정답을 찾아야 할까요?

아이는 성장하면서 때로는 정말 이해할 수 없는 모습을 보이기도 합니다. 앞서 소개한 에릭 에릭슨의 심리사회적 발달이론을 다시 한번 떠올려봅시다. 성격의 발달을 단계별로 살펴봤는데, 청소년기에 해당하는 5단계는 자아정체성이 형성되는 매우 중요한 시기라 할 수 있습니다. 문제는 '나는 누구인가?'에 대한 고민만으로도 힘든 이 시기에 아이들의 뇌는 성인만큼 성숙하지 않다는 부분입니다.

전두엽은 이성적 사고를 관장하고 행동과 사고를 통제하는 관제탑과 같은 역할을 하는 뇌의 한부분입니다. 그런데 청소년기에는 이 영역의 발달이 완성되어 있지 않기 때문에 성인의 관점에서 보면 아이가 이해할 수 없는 존재처럼 느껴지기도 합니다. 하지만 당사자인 아이 입장에서는 그러한 부분을 인지하기 어렵겠죠. 물론 아동기보다는 많은 것을 알아차리고 이해하기는 합니다.

그럼 무언가를 인지하고 이성적으로 사고하는 과정은 어떻게 발달하는 걸까요? 아동심리학에 있어 많은 기여를 한 심리학자 장 피아제(Jean Piaget)는 인간이 환경적 요인과 상호작용하며 인지적 능력이 발달한다고 말합니다. 인간의 인지발달은 4단계에 걸쳐 이뤄지는데, 아이마다 각 단계에 도달하는 시기는 차이가 있으나 발달하는 순서는 동일하다고 이야기합니다.

첫 단계는 감각운동기(0~2세)입니다. 다양한 감각적, 반사적 활동을 통해 생각의 틀을 형성하는 시기입니다. 경험을 통해 사고의 틀을 형성하거나, 새로운 것을 경험하면서 이전에 형성된 틀을 수정하는 등 인식능력이 확대되는 시기입니다. 이 시기에 형성되는 대표적인 능력이 대상영속성입니다. 대상영속성이 형성되기 이전의 아이는 눈앞에서 물건을 뒤로 숨기면 더 이상 찾지 않습니다. 그러나 8~12개월 무렵이 되면 물건을 숨겨도 그것이 영원히 사라지는 것이 아니라 그 자리에 존재한다는 사실을 알고 계속 찾습니다. 단순한 반사 반응에서 벗어나 점차 인지적 능력이 발달하는 시기입니다.

두 번째 단계는 전조작기(2~7세)입니다. 이때 특히 역할놀이를 좋아하는 모습을 보이는데요. 상징능력 때문에 그렇습니다. 이 시기의 가장 큰 특징은 조망수용능력이 발달되어 있지 않다는 것입니다. 이와 관련된 대표적인 실험이 '세 산 실험'입니다. 아이에게 사각형 테이블에 놓인 각기 다른 모양의 3개의 산을 관찰하게 합니다. 이때 다른 방향에서 산이 어떤 모양으로 보이겠냐고 질문하면, 아이는 자신이 보고 있는 모양과 같다고 대답합니다. 조망수용능력을 아직 획득하지 못했기 때문입니다. 이때는 상대의 입장을 고려하지 못하고 자기중심적으로 사물을 보고 인식합니다.

세 번째 단계는 구체적 조작기(7~11세)입니다. 이 시기가 되어서야 논리적 사고가 발달해 인지적 조작을 할 수 있게 됩니다. 이전 단계였던 전조작기의 자기중심화 경향성을 조금은 벗어나게 되고, 보존개념을 획득합니다. 보존개념은 물체를 담는 용기나 방식이 달라도 외부의 유출이 없다면 그 용량에는 변화가 없다는 사실을 말하는데요. 음료를 다른 높이의 컵에 따라주면 양이 다르다고 더 높은 컵에 담긴 것을 마시겠다고 싸우던 아이가, 구체적 조작기에 접어들면 이제 부피를 감안해서 양이 같다고 판단하게 됩니다.

네 번째 단계는 형식적 조작기(11세 이후)입니다. 이제 연역적, 귀납적 추론이 가능해져서 인지적 능력이 폭발적으로 성장합니다. 더불어 자아정체감을 형성하는 과정에 접어들면서 전조작기 때 보인 자기중심화 경향을 다시 보인다고 합니다. 타인의 관점으로 세상을 보지 못하는 그 시절로 돌아간 것처럼 행동합니다. 인지적 성장을 이루고 학습 내용을 이해하는 것처럼 보이다가도 어느 순간 돌아보면 자신만 생각하는 이기적인 어린애처럼 굽니다.

이때 가상청중 현상과 개인적 우화 현상이 나타납니다. 가상청

중 현상이란 다른 사람들이 자신의 치부나 실수를 지켜본다고 생각하고 타인의 시선에 무척 신경 쓰는 현상을 말합니다. 자기가 경험하는 실패나 감정적 슬픔을 그 누구도 이해할 수 없고, 그 누구도 경험한 적 없는 가장 큰 짐인 것처럼 생각하는 개인적 우화 현상도 함께 나타나죠. 이러한 성장의 과정은 너무도 자연스러운 것입니다.

부모가 이 과정을 이해하지 못하면 '내 아이가 너무 이기적인 것은 아닌가?' '남을 너무 의식하는 것은 아닌가?' 하는 불안감이 듭니다. 그리고 이러한 행동을 교정하려고 합니다. 아이가 삐뚤어질지 모른다는 생각에 아이에게 더욱 바짝 다가갑니다. 이 시기의 아이는 뇌의 대대적인 구조조정으로 인해 머리가 너무 복잡하고, 호르몬의 영향으로 감정도 들썩들썩합니다. 학교에 가면 해야 할 일도 많고, 시험 때가 아니어도 수행평가를 위한 발표나 과제가 가득하고, 친구들과의 문제로 고민하는 등 갈등 없이 하루를 보내기가 무척 힘듭니다. 외부적인 요인만으로도 버거운데 부모까지 나서면 더욱 힘든 시간을 보낼 수 있습니다. 잠시 엄격한 잣대를 내려놓고, 아이와 함께 성장하는 방향으로 나아가야 할 것입니다.

실전 연습

피아제는 인지발달 이론을 통해 청소년기를 자아가 형성되고, 내면세계에서 고군 분투하는 시기라고 설명합니다. 아이의 발달과정을 고려하지 않고 아이의 닫힌 방문을 무력으로 열고 들어가면 어떠한 일이 벌어질까요? 방문을 열 때 이미 부모의 분노가 최고조에 이르렀고, 당연히 아이에게 차분히 설명하기보다는 소리를 지르거나 폭력을 쓸 확률이 높겠죠. 소위 '등짝 스매싱' 정도가 아니라 감정을 실어 때리는 '폭력'으로 이어질 수 있습니다.

부모가 문을 박차고 들어오면 아이는 한 마리의 파충류로 변신할지 모릅니다. 도마뱀, 이구아나의 움직임을 떠올리면 이해하기 쉬운데요. 부모가 폭력적으로 나서면 아이가 보일 반응은 2가지입니다. '투쟁(Fight)' 혹은 '도피(Flight)'이죠. 아이가 투쟁하길 택한다면 부모에게 맞대응해 대들 것이고, 그럼에도 상황이 나아지지 않으면 극단적으로는 똑같이 폭력으로 응수할 수 있습니다. 때로는 '듣고는 있는 거야?'라는 의문이 들 정도로 멍한 모습을 보이는데요. 사고도 동작도 정지된, 이미 그곳을 떠난 것 같은 상태가 되어 반응하지 않는 것이죠. 갈등이 극단으로 치달으면 의도하지 않은 파국을 맞이할지 모릅니다. 따라서 아무리 화가 나도 부모가 폭력을 행사하는 '마지막' 단계까지는 가지 않는 것이 중요합니다.

아이의 방문을 억지로 열고 들어가면 안 됩니다. '해와 바람' 이야기처럼 거친 바람으로는 옷을 벗길 수 없습니다. 따뜻한 햇살로 다가가야 합니다. 아이의 닫힌 방문은 잠시 피하고 싶다는 의지의 표명입니다. 아이가 스스로 문을 열고 나올 때까지 기다려야 합니다. 더 나아가 아이에게 갈등 상황에서 통용될 효과적인 의사소통 방법을 교육해야 합니다. 부모가 폭력을 가하면 아이는 사회에서 갈등과 직면할 때마다 부모와의 관계에서 학습된 공격적인 방법으로 의사를 표현할 것입니다.

무엇 때문에 속상했고, 어떤 부분이 힘들었는지 정리할 필요가 있습니다. 편지처럼 글로 기록하는 것도 좋고, 타이핑이 편하다면 파일로 만들어 보관하는 것도 좋습니다. 몇 시간 지나면 한 마리 파충류였던 아이는 배고픔을 느끼고 어느새 귀여운 사람으로 변신해서 나타날 거예요. 시간이 좀 지났으니 부모 역시 화가 가라앉고 한결 차분한 상태일 겁니다. 그다음에 이전에 흥분해서 쓴 글귀를 한번 읽어보세요. 그 거친 말을 아이에게 쏟아내지 않아서 다행이란 생각이 들 거예요.

만일 시간이 흘러도 상황이 나아지지 않고 아이에게 꼭 전하고 싶은 말이 있다면, 갈등 상황이 아닌 긍정적인 환경에서 편지로써 마음을 전해보세요. 아이가 세상 버릇없는 태도로 대들어도 초인적인 인내심을 발휘해 꾹 참아내야 합니다. 부모 자신의 마음과 생각의 흐름을 있는 그대로 바라보는 순간, 부모-자녀 관계도 성장하고 발전합니다. 쉽지 않겠지만 아이와의 갈등이 파국으로 이어지지 않도록 하는 것이 가장 중요한 부분입니다.

'어떠한 부모가 될 것인가?'

갈등의 최고조의 순간에도 결코 잊지 말아야 할 질문입니다. 처벌로 어떠한 행동을 간신히 금지시킬 수 있을지 모릅니다. 하지만 처벌로 긍정적인 행동을 시작하게 하거나 촉진하기는 어렵습니다. 더 나은 대안을 제시할 수도 없고요, 부모가 폭력을 사용하고, 소리를 지르면 아이는 자신의 감정을 그 방식 그대로 표현할 것입니다. 분노의 순간 자기의 말과 행동을 결정할 '선택 버튼'을 누를 수 있는 사람은 자신뿐이라는 사실을 아이에게 꼭 가르쳐주세요. 인간이 모든 상황을 제어하고 바꿀 수는 없지만 그 상황에 대응하는 방식은 자신이 결정할 수 있다는 사실을 말입니다.

분노로 가득한 열정과 미움으로 가득한 냉정함 사이, 그 사이에서 균형을 맞춰야 할 것입니다.

집착과 무관심
사이

'애가 타다.'라는 말이 있습니다. '애'는 본래 창자를 뜻하는 말이라고 하죠. 창자가 탈 정도면 얼마나 안타깝고 초조하다는 뜻일까요? 사실 과거에는 그런 감정을 경험해본 적이 없습니다. 기껏해야 시험을 볼 때, 면접을 볼 때 요즘 말로 약간 '쫄리는' 느낌이 들었죠. 창자가 탈 정도로 교감신경이 활성화된 적은 없습니다. 어른들은 "애를 낳아봐야 어른이다."라고 말합니다. 솔직히 이 말을 꼰대 어르신의 으름장 정도로 생각했어요. 하지만 부모가 되어 보니 정말 '애가 탄다.'라는 말로는 부족한 경험을 하게 됩니다.

우선 아이가 아플 때 그렇습니다. 아이가 갑자기 열이 나면 정말 애가 탑니다. 열을 떨어뜨리는 각종 상비약을 갖추고 있고, 곧 호전 되리라는 걸 알면서도 대신 아플 수 있으면 좋겠다는 생각이 듭니다. 당장 응급실에 달려가고 싶다가도 선배 엄마들의 조언이 생각 나서 일단은 열을 떨어뜨리고 아이를 한숨 재웁니다.

아이가 어린이집에 처음 갔을 때도 그랬죠. 어린이집 밖까지 들리는 아이의 절규를 듣고 있자니 당장이라도 다시 뛰어들어 아이를 품에 안고 싶었죠. 물론 언제 그랬냐는 듯이 친구들과 잘 놀고 오지만 그럴 때마다 정말 애가 탑니다.

요즘엔 보기 드물지만 과거 입시 시즌만 되면 뉴스에 자주 나오던 단골장면이 있습니다. 학교 정문에 엿을 붙여놓고 두 손 모아 간절히 기도하는 어머니의 모습이죠. 결혼 전에는 '저 엿을 어떻게 붙였지? 라이터인가? 저렇게 막 붙여도 되는 건가? 학교 측에서 항의하지 않나? 저렇게 기도한다고 아이가 시험을 잘 보려나? 차라리 집에 가서 기도하는 게 낫지 않나?' 하고 생각했습니다. 철없던 그때는 몰랐던 그 심정을, 저도 이제는 조금씩 느끼고 있습니다. 추운 날씨에도 교문 밖에서 벌벌 떨며 기도하는 이유는 그것 말고는 아무것도 할 수 없기 때문입니다. 애간장이 녹아내려서 편히 쉴 수도 없고, 밥을 먹을 수도 없었을 것입니다.

아이가 성장해도 부모는 여전히 애가 탑니다. 그런데 애타는 마음이 지나쳐서 너무 한쪽으로 치우치면 아이에게 닥칠 외부 요인과 위험을 통제하려는 집착의 영역에 도달할 수 있습니다. 아이가 겪을 위험을 사전에 차단하면 아이가 더 나은 삶을 살 수 있을 것이라 착각하면서요. 또 그와 반대로 '자기 앞가림은 알아서 해야지.' 하며 무관심으로 일관하는 경우도 있습니다. 부모의 사정이나 물리적 한계로 잠시 멀어지는 경우도 있고, 아이에게 실망해서 그동안의 노력이 허무해진 것일 수도 있고, 눈을 치켜뜨고 대드는 아이를 보면서 잠시 거리를 두려던 것일 수도 있습니다. 실제로 그러다 무관심의 영역까지 이른 경우가 참 많아요.

집착도, 무관심도 특별히 어떤 문제가 있어서 벌어지는 일이 아닙니다. 자녀를 생각하는 부모의 마음은 거의 비슷합니다. 다만 어느 한 순간을 계기로 양극단을 향해 나아갈 수 있으니 집착과 무관심, 그 사이 적절한 지점에서 단단히 뿌리를 내려야 합니다. 아이의 독립을 방해하는 집착도, 아이의 심리적 성장을 위협하는 무관심도 정답은 아닙니다. 사랑을 기반으로 한 애착의 영역에 머무를 수 있도록 부모 역시 지속적인 노력을 기울여야 합니다.

애착은 아이를 키우는 주양육자에게 참 복잡한 감정을 주는 단어입니다. 심리학자 존 볼비(John Bowlby)는 '애착(Attachment)'을 가까운 사람과의 정서적 유대관계라고 표현합니다. 아이를 키우면서 가장 가까운 사람은 주양육자이므로 보통 애착은 부모와 형성된 정서적 관계라 할 수 있겠죠. 내 아이의 애착유형을 알아본다는 것은 때로는 부모의 애정을 평가하는 성적표처럼 느껴지기도 합니다.

사춘기 아이와의 갈등을 경험하고 있는 부모에게 아이와의 애착을 이야기하는 것은 수험생 아이 앞에서 철지난 성적표를 열람하는 것만큼 편치 않은 경험일 것입니다. 그렇기에 부모와 상담할 때 애착 문제는 매우 조심스럽게 다룹니다. 이러한 불편함을 감수하고 애착을 점검해야 하는 이유는 애착유형이 아이 스스로 형성하는 자아상이나 성장하면서 경험하게 될 대인관계에 영향을 미치기 때문입니다.

초기 애착은 대개 생후 6개월부터 이미 형성됩니다. 이때 주양육자가 아이의 요구에 얼마나 민감하게 반응을 보이고 따뜻하게 수용하는지에 따라 아이는 다른 유형의 애착을 형성한다고 합니다. 크게 안정 애착과 불안정 애착으로 구분하고, 불안정 애

4가지 애착유형

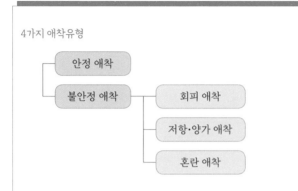

착은 다시 회피 애착과 저항·양가 애착과 혼란 애착으로 나뉩니다.

일반적으로 안정 애착은 주양육자가 아이의 신호에 즉각적으로, 적절하게 반응하고 다시 아이의 반응에 맞춰 상호작용을 이어갈 경우 형성됩니다. 회피 애착은 아이의 신호에 적극적인 반응을 보이기보다는 오히려 아이를 거부하는 양육 태도에서 형성됩니다. 저항·양가 애착은 때로는 열정적으로 아이에 대한 애정을 보이고, 때로는 거부하는 모습을 보이는 등 일관성 없는 양육 태도로 인해 생겨납니다. 혼란 애착은 아이를 온전히 돌보지 못하는 상황이거나, 양육자의 무관심과 방임 속에서 생겨납니다.

애착 형성이 현재진행형이라면 안정 애착을 형성하기 위해 아이에게 적절한 반응을 보여주세요. 다른 사람 손에 아이를 키운 부모라면 '내 아이의 애착은 어떻게 형성되었을까?' 하는 불안이 생겨날 거예요. 아이가 버릇없게 굴거나 친구와 갈등이 생기면 '내가 어릴 때 사랑을 충분히 주지 못해서 저러는 건가?'라는 죄책감도 일어납니다. 너무 걱정하지 마세요. 통계적으로 절반 이상인 60%정도가 안정 애착이 형성된 채 성인이 된다고 합니다. 아이가 40%에 속하는 불안정 애착에 속한다고 해도 포기하지는 마세요. 애착은 지난 과거의 성적표와는 달리 현재의 노력으로 충분히 개선 가능합니다. 물론 어린 시절보다 더 많은 노력이 필요하겠지만 애착은 얼마든지 다시 형성할 수 있습니다.

실전 연습

대중교통을 이용하거나 카페에 앉아 있다 보면 요즘 아이들의 언어를 간접적으로 경험하게 됩니다. 물론 부모님 세대에도 비속어, 은어를 사용하긴 했지만 요즘에는 단순히 접두어를 붙이는 단계를 넘어서 의미를 해체해 새롭게 조합하는 등 알기 어려운 새로운 단어를 만들어내기도 합니다. 개인적으로 한 가지 매우 듣기 불편한 말이 있습니다. 표준국어대사전에서 '여자를 낮잡아 이르는 말'로 설명하는 '년'이란 표현입니다. 정말 불편한 일은 이 명사를 어머니를 칭하는 3인칭 대명사로 사용한다는 것입니다. 주로 일부 초등학교 고학년, 중학생 사이에서 일어나는 일인데요. 그런 대화의 내용을 듣다 보면 참 마음이 아픕니다.

앞선 내용에서 언급했듯이 사춘기 아이들은 전두엽 발달의 한계로 논리적이고 이성적인 사고를 하지 못합니다. 하지만 그러한 발달적 과정에 있다는 이유로 이해하고 넘어가기에는 솔직히 과한 부분이 있습니다. 슬픈 현실이죠. 어떻게 이렇게까지 부모-자녀 관계가 악화되었을까요?

아동기 시절부터 부모와 아이가 쌓아가는 신뢰와 사랑은 매우 중요합니다. 만기 없는 적금통장이라고 표현할 정도로 사랑을 끊임없이 입금해야 하는 시기입니다. 그래야 사춘기 시절에 그 마음을 조금씩 꺼내 써도 잔고가 남아 있는 것이죠. 아이가 독립해서 나가고 홀로 서기를 시도하면 부모는 자연스럽게 걱정이 앞섭니다. 걱정되는 마음에 충고를 쏟아내면 사춘기 아이는 '또 시작이네.' '꼰대가 또 꼰대처럼 구네.'라고 생각합니다. 이전부터 차곡차곡 쌓아온 사랑의 적금이 있다면 그나마 아이도 '듣기는 싫어도 날 생각해서 하는 말이겠지.'라는 정도로 수용할지도 모르죠. 아이에게 사랑을 변함없이 입금한다는 것은 쉬운 일이 아닙니다. 사랑이 돈이라면 숫자로 가늠이라도 할 텐데 사랑은 그렇지 않습니다. 또 돈이라면 입금 여부를 확실히 확인할 텐데 사랑은 체감이 쉽지 않습니다. 어쩌면 부모가 제공하는 경제적 혜택으로 사랑을 확실히 입금했다고 믿으실 수도 있지만, 받는 아이 입장에서는 이것은 사랑이 아니라 부모로서 당연한 책임과 의무라고 여길지 모릅니다. 이 경우 부모가 골라서 구입한 옷을 입어주고 부모가 계획한 일정대로 움직여주는 것만으로도 받은 것에 대한 보답을 한 것이니 계산이 끝났다고 생각할 수 있겠죠.

애착과 관련해 가장 널리 알려져 있는 실험은 심리학자 해리 할로(Harry Harlow)의 원숭이 애착 실험입니다. 아기 원숭이에게 생명 유지를 위해 먹이를 제공해주는 것이 가장 중요한 부분이라고 가정하고 한쪽에는 딱딱한 철사로 만들었지만 젖병이 달린 모형 어미를, 다른 한쪽에는 철사를 헝겊으로 감아 부드럽게 만든 모형 어미를 두고 실험을 진행했습니다. 예상과 달리 아기 원숭이는 배고픈 순간에만 잠시 젖병이 달린 철사 모형 어미를 찾고, 나머지 시간은 주로 헝겊으로 감은 모형 어미에 매달려 지냈습니다.

안정 애착을 형성하는 과정은 사실 그렇게 복잡한 것이 아니었습니다. 따뜻하게 안아주고 보듬어주는 것만으로 아이는 수용되고 인정받는다는 기분을 느낍니다. 즉 아이에게 풍요로운 환경을 제공해주는 것만으로는 충분하지 않다는 뜻이죠. 청소년기 아이도 마찬가지입니다. 물론 유년기 아이처럼 안아주고 뽀뽀해주기를 바라는 것은 아닐 테니 적절한 거리를 유지하며 감정적 교류를 나눠야 합니다.

중요한 것은 적절한 거리 유지입니다. 부모-자녀 관계는 부모가 먼저 나서서 완벽한 준비를 마치고 외부 요인으로부터 아이를 고립시키는 융합된 사이보다는 멀어야 하고, 아이가 도움을 요청할 때 바쁘다는 이유로 응하지 못하는 소원한 거리보다는 가까워야 합니다. 아이가 자유롭게 자신의 영역을 구축하도록 거리는 유지하되, 아이가 손을 뻗어 도움을 청할 때 충분히 닿을 수 있는 거리에 위치하는 것 그것이야말로 집착과 무관심 사이 그 어디쯤이 아닐까요?

내 아이와
아이의 친구 사이

　　너무 옛날 사람 같기는 하지만 제 유년시절 교우관계는 하원 후 동네 놀이터에서 모여 노는 것에서부터 시작되었습니다. 서로 전화를 하거나 문자를 보내서 시간을 약속하는 것이 아니라, 그냥 늘 나오던 시간에 나가면 어제 놀던 친구를 다시 만날 수 있었죠. 요즈음은 어떤가요? 상황에 따라 다르지만 집 앞에 놀이터가 있다고 해서 아이들끼리 자유롭게 만나서 노는 경우는 거의 없습니다. 부모들은 환경이 아무리 안전해도 아이만 덩그러니 마음 놓고 내보낼 수 없다고 이야기합니다. 그래서 요즘 키즈카페가 유행하는 것 아니겠어요? 다른 아이 부모에게 연락해서 약속을 잡고 키즈카페에서 만나거나, 함께 축구교실과 같은 스포츠

센터에 보내기도 합니다.

초등학교 저학년까지는 이렇게 내 아이가 어디서 누구와 노는지 모든 것을 알고 통제할 수 있습니다. 그런데 아이가 초등학교 고학년, 중학생이 되면 상황은 달라집니다. 아이는 이 경계를 끊임없이 벗어나려고 노력합니다. 하교시간과 집에서 학교까지의 거리를 계산해보면 아이의 귀가시간을 대략 예상할 수 있습니다. 그런데 아이가 자랄수록 이 시간이 점차 늦어집니다. '친구들이랑 편의점에 가서 군것질이라도 하는 모양이다.'라고 생각했다가도 갑자기 불안의 그늘이 내려오면서 '무슨 일이 생긴 건 아닐까?' 하는 걱정에 휩싸입니다. 아이에게 전화를 걸어도 받지 않으니 위급한 상황이 벌어진 것 같아 급히 집을 나섭니다.

저 멀리 시끌벅적 떠드는 아이들 무리에서 내 아이가 함박웃음을 지으며 아이스크림을 먹고 있습니다. 걱정했던 마음이 가라앉음과 동시에 알 수 없는 울분이 올라옵니다. 혹자는 약간의 배신감까지 느낍니다. 집에 들어온 아이에게 "전화도 안 받고 뭐하는 거야! 애들이랑 노느라 정신 팔려서 연락도 없고. 엄마가 얼마나 걱정했는지 알아?"라며 쏘아붙입니다. 아이 입장에서는 마른하늘에 날벼락이 따로 없습니다. '엄마가 왜 그러지? 엄마는 내 친구가 싫은 건가?' 눈만 껌벅껌벅 합니다.

아이는 청소년기에 이르면서 애착의 대상에 변화가 생기는데요. 부모와 형성되었던 애착에서 점차 확장되어 이성 또는 동성 친구와의 관계로까지 이어집니다. 이러한 우정과 사랑의 관계에 대해 머리로는 이해하지만 한편으로는 섭섭한 부모의 그 마음을 저도 충분히 이해합니다. 그런데 이런 마음을 아이에게 거칠게 표현하면 아이는 점차 입을 닫아버릴 수 있어요. 아이 입장에서는 이러지도 저러지도 못하는 상황이기 때문에 친구와 만나기로 한 약속도 숨기려고 합니다.

　나와 세상에 둘도 없이 가까웠던 내 아이가 점차 멀어지는 기분이 듭니다. 내 아이 그리고 내 아이의 친구, 그 사이 어디쯤에 엄마인 내가 여전히 존재하길 바라는 마음. 그 마음은 특별히 집착이 강해서 생기는 것이 아니라 어쩌면 누구나 경험하는 당연한 감정일지 모릅니다. 그 사이에서 적절하고 아름다운 거리를 유지하는 것이 힘든 이유입니다.

앞서 우리는 애착의 유형에 관해 알아봤습니다. 애착은 안정 애착과 불안정 애착으로 구분되고, 불안정 애착은 다시 회피 애착, 저항·양가 애착, 혼란 애착으로 나뉩니다. 이러한 애착을 다시 살펴보는 이유는 각기 다른 애착유형에 따라 나 자신과 타인을 바라보는 인지적 도식이 달라지기 때문입니다. 이러한 차이로 대인관계를 형성하는 양식이 변화합니다. 메리 아인스워스(Mary Ainsworth)는 이를 '내적작동모델(Internal Working Models)'이라고 설명합니다.

먼저 안정 애착의 경우 자신과 타인에 대한 표상이 모두 긍정적으로 형성됩니다. 즉 자신과 타인에게 모두 긍정적 태도를 가지며 관계에 있어서도 '안전한' 특성을 보입니다. 한편 회피 애착

애착유형별 내적작동모델

구분	긍정적 자기	부정적 자기
긍정적 타인	안전한 (안정 애착)	몰두된 (저항·양가 애착)
부정적 타인	포기한 (회피 애착)	두려운 (혼란 애착)

의 경우 자신에 대해서는 긍정적인 태도를 보이지만 타인에 대해서는 부정적인 모습을 보입니다. 새로운 대인관계를 맺는 상황에서 쉽게 포기하는 모습을 보이기도 합니다. 저항·양가 애착의 경우 자신에 대해서는 부정적인 반면, 타인에 대해서는 오히려 긍정적인 태도를 보입니다. 관계를 형성하는 과정에서 지나치게 상대에게 몰두하거나 무조건적으로 순응하는 모습을 보이기도 합니다. 마지막으로 혼란 애착의 경우 자기 자신과 타인에 대해 모두 부정적인 태도를 형성합니다. 누군가와 관계를 맺는 것 자체가 무척 어렵고 사회적인 관계에서 벗어나 운둔 생활을 하게 됩니다.

만일 부모가 불안정 애착 중 회피 애착을 형성하고 있다면 양육에 있어서 자기 긍정, 타인 부정의 태도를 보일 수 있습니다. 자녀를 양육하는 상황에서 타인은 때때로 자녀가 되곤 하는데요. 자녀 입장에서는 부모가 자신을 수용하고 있지 않다고 느낄 수 있고, 때로는 거절하고 있다고 느낄 수 있습니다. 부모의 방식을 그대로 따를 때 수용될 수 있다는 생각을 가지고, 부모의 영역에 들어가기 위해 부모와 같은 방향성을 보이며 복종하는 모습도 보입니다. 이때 자녀는 자기 자신은 형편없는 사람이고 부모의 말에 따르는 것이 안전한 방향이라고 인식할 수 있겠죠.

부모가 불안정 애착에 따른 내적작동모델이 형성되어 있다면 그 자녀 역시 불안정 애착이 형성될 가능성이 높다고 볼 수 있습니다. 현장에서는 때때로 애착유형이 대물림된다고 이야기하기도 합니다. 사실 자녀를 양육하는 입장에서 부정하고 싶은 이야기입니다. 원가족과의 관계에서 이미 형성된 애착이 내 자녀에게까지 영향을 미친다고 생각하면 더욱 그렇습니다.

다행히 애착유형은 고정불변한 요인은 아닙니다. 성인이 된 이후 새로운 애착의 대상과의 관계에 의해 안정화되기도 합니다. 결코 부모 자신의 애착유형을 바라보고 직시하는 일에 두려움 가질 필요가 없습니다. 내 자신과 타인을 바라보는 관점과 자세가 어떠한지 점검하는 과정은 내 아이의 애착뿐만 아니라, 아이가 경험하게 될 대인관계에 관한 인식까지 긍정적으로 바뀌는 계기가 될 것입니다.

부모 개개인의 애착유형이 어떻든 내 아이를 대할 때 필요한 방식은 자기 긍정과 타인 긍정의 자세일 것입니다. 이러한 자세는 앞서 소개한 TCI 검사의 자기 수용과 타인 수용의 정도로 확인할 수 있습니다. 자기 수용과 타인 수용의 정도는 기질과 성격 중 후천적인 노력으로 개선할 수 있는 성격의 하위 요소라는 점에서 의미가 있습니다. 원가족과 형성한 애착유형의 영향으로 자신과 타인에 대한 자세가 부정적이라고 해도 충분히 변화의 가능성이 있다는 뜻입니다.

자신과 타인에 대해 열린 자세로 현재의 상태를 인식하고 있는 그대로 받아들일 수 있는 수용의 자세를 통해 부정적인 인식과 태도를 보완할 수 있습니다. 부모가 자기 자신을 소중히 여기면서 자녀의 욕구 역시 적절한 방식으로 충족시키는 수용의 관점으로 접근하는 것이 그 첫걸음이 될 것입니다. 이 과정에서 아이는 부모와의 관계에서 형성된 표상을 친구와의 관계에서 발현하게 됩니다. 내가 친구에게 존중받기 위해 나 역시 상대를 존중해야 한다는 믿음을 바탕으로 긍정적인 관계를 형성하게 되죠.

만일 자기 부정, 타인 긍정의 내적작동모델을 형성했다면 도덕적 판단의 기준 없이 친구의 말에 무조건 복종하는 그릇된 관계가 될 수 있습니다. 또 자기 긍정, 타인 부정의 내적작동모델을 형성했다면 자기가 하고자 하는 방향과 반대될 경우 친구를 무시하거나 학교 내에서 자신의 권력 관계를 이용해 친구에게 피해를 입힐 수 있습니다.

아이가 성장해 사춘기에 접어들면 교우관계가 삶에 있어 매우 중요한 부분이 됩니다. 때로는 부모가 주지 못하는 심리적 위안을 또래 친구로부터 받게 되기도 합니다. 그래서 부모의 불안이 커지기도 합니다. 어떤 친구와 어울리는지, 어디에 가서 무엇을 하며 시간을 보내는지 걱정스럽습니다. 하지만 아이의 친구 사이에 끼어든다면 아이가 부모의 마음을 오해하게 될 수 있어요.

이때도 역시 필요한 건 아름다운 거리 유지입니다. 먼저 아이가 자기 자신을 긍정적으로 받아들이고 자신이 가진 단점을 그대로 수용할 수 있는 단단한 존재가 되어야 합니다. 그 목표를 위해 부모는 자신뿐만 아니라 타인에 해당하는 자녀를 수용할 준비가 되어 있어야 합니다. 내 생각과 달라도, 내 목표와 달라도 자녀를 수용할 수 있어야 합니다. 완전히 이해하지 못할지라도 적어도 그렇게 말하는, 그렇게 행동할 수밖에 없는 상황을 납득하는 지점까지는 도달해야 합니다.

자녀가 독립적으로 친구를 만나서 밖에서 시간을 보내는 연령이 되면 부모가 함께 규칙과 한계 설정에 대해 구체적으로 이야기를 나눌 필요가 있습니다. 아무리 어른스러운 아이라고 해도 성인 연령에 해당하는 전두엽 발달 수준에 이르기는 어렵습니다. 그 점을 아이에게 교육하고, 대중교통을 이용하거나 어떠한 장소에 머무르는 상황에 위험요소가 있을 수 있고 어떻게 대처해야 하는지 교육할 필요가 있습니다. 아이의 연령에 따라, 가정의 규칙에 따라 허용되는 한계를 분명히 설정해야 합니다. 귀가시간에 대한 약속, 법적으로나 암묵적인 수준에서 청소년에게 허용되지 않는 행위에 대해서는 구체적이고 직접적으로 아이와 이야기 나눕시다. 때로는 행동 계약을 맺을 필요가 있겠죠. 이러한 과정을 통해 부모는 불안한 마음을 다스릴 수 있고, 아이는 부모의 신뢰를 느낄 수 있습니다.

나라는 이름과
부모라는 역할 사이

아이가 성장하면서 출산하는 순간 가졌던 '건강하고 씩씩하게만 자라면 좋겠다.'라는 부모의 마음에도 자연스럽게 변화가 일어납니다. 아이가 유치원에 입학하면 소소한 발표회들이 있습니다. 여기서 조금이라도 큰 역할을 맡았으면, 조금은 뛰어났으면 하는 마음이 생깁니다. 초등학교 입학을 앞두고 나니 글도 잘 읽고 쓰고, 덧셈과 뺄셈도 잘하기를 바라게 됩니다.

학교에 보내니 의도치 않게 아이가 말썽을 피우기도 합니다. 아무리 아이를 교육하고 조심시킨다고 해도 부모가 아이의 모든 것을 통제할 수는 없습니다. 종종 사건이 터져 원치 않는 갈등에 휩싸이게 되고 심리적으로 위축되거나 위협이 되는 일도 경험합니다.

그 과정에서 "부모가 애를 어떻게 키웠길래 그래요?"로 시작해 "부모가 잘나가고 성공하면 뭐해?" 또는 "집에서 애만 보면서 저렇게 신경을 안 쓰나?"로 마무리되는 막말을 듣기도 합니다.

교육과정상 많은 초등학교에서 정기고사를 치루지 않습니다. 정성적인 방법으로 과정 중심 평가가 이뤄집니다. 초등학생 때는 객관적인 학업 성취도를 확인하기 어렵습니다. 그렇기에 내 아이가 학급 임원을 맡거나 모범적인 생활을 한다면 대부분 '내 아이가 공부도 좀 하겠지?' 하는 생각을 하게 됩니다. 아이의 성적에 대한 현실을 자각하게 되는 순간은 중학교 1학년 또는 중학교 2학년 중간고사입니다. 이때 많은 학부모가 '우리 애가 초등학교까지는 공부를 잘했는데 왜 이렇게 된 걸까?' 하는 고민에 빠집니다.

사실 초등학교 때까지는 정기고사로 성취도를 평가한 적이 없으니 이러한 혼란은 당연한 현실일지 모릅니다. 고교학점제로 성취도 기준에 변화가 있기는 하지만 고등학교에 올라가면 내 아이의 성적을 나타내는 숫자는 더 많은 것을 함의합니다. 내신 등급은 대학 입시와 직결되기 때문에 아이의 학업 성취도를 넘어 부모의 교육 성적표가 되기도 합니다.

아이를 키우는 일은 쉽지 않습니다. 많은 경우 아이를 양육하고 교육하는 과정에서 엄마와 아빠, 어느 한쪽은 경력 단절을 맞이합니다. 아이 출산 이후 부모는 경력 단절을 야기하는 3번의 위기를 겪습니다.

첫 번째 위기는 아이가 양육자와의 분리를 알아차리는 순간에 찾아옵니다. 아이가 누워서 벙긋벙긋 웃을 때는 별다른 큰 위기가 없습니다. 그러다 시간이 흘러 출근을 위해 나서는 주양육자에게 울며불며 매달리는 순간이 오면 '이러면서까지 나가야 하나?' '이모님 드리는 비용 생각하면 내가 그냥 키우는 게 맞지 않나?' '내 아이를 희생시키면서까지 자아실현을 한다는 건 이기적인 생각 아닐까?'라는 생각이 꼬리의 꼬리를 물고 이어집니다.

두 번째 위기는 초등학교에 입학하면서 발생합니다. 만일 이미 육아휴직을 사용했다면 이 위기는 생각보다 넘기기 어려울 수 있습니다. 일단 초등학교 저학년은 하교시간이 매우 이릅니다. 특히 입학 초기에는 12시 이전에 돌아오니 아이를 돌보는 손이 꼭 필요해집니다. 조부모 또는 이모님 찬스를 쓸 수 있다면 다행이지만 그렇지 못하면 저학년 시기부터 혼자 두거나 학원 뺑뺑이를 돌려야 합니다. 아이가 학교 적응에 어려움을 느끼거나, 또래에 비해 학업성취도가 떨어지면 점차 한계를 느끼게 됩니다.

세 번째 위기는 입시에 대한 불안감이 덜컥 다가오는 순간에 찾아옵니다. 중학교 내신 성적을 통해 현실과 마주하게 되고, 어쩌면 아이가 원하는 대학교에 입학할 수 없을지 모른다는 위협감을 느낍니다. 직장 내에서 본인의 위치도 물론 중요하지만 한편으로는 '아이의 인생이 달린 입시에 올인하는 게 낫지 않나?' 하는 생각이 들기도 합니다.

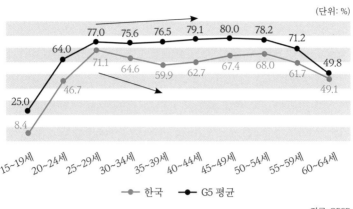

한국 vs. G5 연령대별 여성 고용률(2019년 기준)

(단위: %)

	15~19세	20~24세	25~29세	30~34세	35~39세	40~44세	45~49세	50~54세	55~59세	60~64세
G5 평균	25.0	64.0	77.0	75.6	76.5	79.1	80.0	78.2	71.2	49.8
한국	8.4	46.7	71.1	64.6	59.9	62.7	67.4	68.0	61.7	49.1

● 한국　● G5 평균

자료: OECD

최근에는 육아를 적극적으로 분담하는 아빠가 많이 늘었지만, 부모 중 한 사람이 퇴사하고 아이를 돌본다면 그 역할을 맡게 되는 것은 여전히 엄마인 경우가 많습니다. 이런 사회 분위기 때문인지 한국경제연구원이 OECD 여성 고용지표를 분석한 결과, 2019년 기준 한국의 여성 고용률은 57.8%로 OECD 37개국 중 31위에 불과했습니다. 한 가지 흥미로운 것은 주요 5개국(G5)의 추이와 상반된 모습을 보인다는 것입니다. 우리나라의 경우 여성 고용률이 20대까지는 증가하는 모습을 모이다가 30대에 들어 크게 감소하는 모습을 보이는데요. 그 이유는 미성년 자녀를 둔 여성의 경우 육아와 가사에 대한 부담으로 경제활동을 중단하기 때문입니다.

위기를 넘기지 못하고 '전업맘'이 되든, 꿋꿋이 버티고 버텨 '직장맘'으로 살아남든 이 땅의 엄마들은 이 시기에 깊은 고뇌와 상념에 빠집니다. '아이를 보면 부모를 안다.'는 사회적 통념 때문일지도 모릅니다. 때때로 전업맘은 아이 성적이 오르면 내 성과 같아서 기쁘고, 성적이 안 나오면 '이 결과를 보려고 일도 관두고 경력을 포기한 것인가?' 하는 회의감이 든다고 호소합니다. 직장맘 역시 마음이 힘든 건 매한가지입니다. 유리천장을 어렵게 뚫고 직장에 잘 다녀도 내 아이에 대한 부정적 평가가 이어지고 성적도 떨어지면 '내가 아이를 방치해서 이러나?' 하는 죄책감에 사로잡힙니다.

매니저처럼 아이의 일거수일투족을 관리하는 부모와 일에 치여 양육에 신경 쓰지 못하는 부모, 그 사이 어디쯤에 머물러야 엄마도 아이도 행복할 수 있을까요? 한 가지 확실한 것은 '나'라는 이름으로 살아온 삶과 '엄마'라는 이름으로 지내온 삶, 어떠한 방향으로 나아가더라도 중심에는 늘 아이가 있다는 것입니다.

부모를 위한 심리 가이드

자녀는 부모에게 어떤 존재일까요? 독립적으로 키우겠다고, 딱 보호자 역할만 하겠다고 다짐했음에도 아이의 성과가 곧 나의 성적표처럼 느껴지는 이유는 무엇일까요? '자기가치감 수반성 (Contingencies of Self-Worth)'이라는 개념을 통해 알아보려 합니다. 이 개념에 대해 제니퍼 크로커(Jennifer Crocker)와 코니 울프(Connie Wolfe)는 자아존중감을 갖게 되는 특정한 근거라고 설명한 바 있습니다. 즉 자아존중감이라는 특질의 기반과 뿌리가 되는 개인의 고유한 부분이라고 할 수 있죠.

자아존중감은 많은 사람이 사용하는 용어이기는 하지만 자신의 가치에 대한 전반적인 평가이기 때문에 개인별로 구체적인 의미를 측정하는 데 어려움이 있습니다. 하지만 자기가치감 수반성을 알아본다는 것은 개인의 독특한 자아존중감의 영역을 파악할 수 있다는 점에서 의미가 있습니다. 특히 여성의 경우 자녀를 출산하면서 자아존중감에 많은 변화를 경험합니다. 결혼 전에는 자신의 학력과 직업이 나 자신을 설명하는 반면, 결혼 이후에는 남편의 사회·경제적 지위 역시 함께 판단의 잣대가 됩니다. 그 과정에서 자기가치의 기반이 되는 영역이 변화하고 그 영역에서 성공하기를 바라게 되는데요. 출산으로 어머니가 되면 그 대상이 자녀의 성공으로 이어집니다. 이렇게 자녀의 성취로부터 얻는 어머니 개인의 가치감을 '자녀수반 자기가치감'이라 합니다.

북아메리카에서 진행된 한 연구에 따르면 북아메리카 어머니와 현지에 거주하는 중국인 어머니를 대상으로 조사한 결과, 북아메리카 어머니에 비해 중국인 어머니의 자녀수반 자기가치감이 높게 나타났다고 합니다. 연구에서는 이 결과를 자신보다 타인의 관점을 중시하는 체면문화와 집단주의에 따른 문화적 차이로 해석했습니다.

우리나라도 중국과 문화적 환경이 비슷합니다. 부모가 자식을 위해 희생하고, 자식이 성공해서 이름을 날리면 그러한 성공이 다시 부모의 성공으로 이어지는 것은 어쩌면 당연한 이치일지 모릅니다. 엄마들이 직장을 떠나는 이유가 바로 여기에 있습니다. 자식농사가 세상에서 가장 중요하다는 세간의 말을 철석같이 믿고 있기 때문입니다.

자녀수반 자기가치감에 주목하고자 하는 이유는 이것이 양육 태도와 부모 자신의 심리적 건강에 영향을 미치기 때문입니다. 미국인, 중국계, 유럽계 어머니를 대상으로 한 다양한 연구에 따르면, 자녀수반 자기가치감이 높을수록 불안이 더 높고 심리적 통제를 가하는 양육 태도를 취한다고 합니다. 자녀의 심리를 통제하는 양육 방식은 부모 자신의 정신건강을 해칠 뿐만 아니라 아이의 정신건강에도 부정적인 영향을 미칩니다.

물론 자녀의 성취를 부모라는 존재와 완전히 떨어뜨리기 어려울지 모릅니다. 하지만 부모 자신과 자녀를 동일시해 융합될 경우 자녀가 하는 모든 일이 불안하게 느껴질 것입니다. 그러한 불안감은 많은 경우 학업 성취도를 통해 발현되고, 사춘기 시절 갈등의 핵심 요인이 될지 모릅니다. 명문대에 가지 못하면 취업도 못하고 굶어 죽는다는 극단적인 이야기를 세상의 이치인 것처럼 아이에게 주입하거나, 아이의 불안감을 학습의 원동력으로 삼으려는 전략을 부모 자신도 모르는 사이에 쓰는 경우도 있습니다.

심리적 통제 속에서 양육된 아이들은 우리 주변에서 생각보다 쉽게 만날 수 있습니다. 부모의 양육 방식은 아이의 가치관과 세상을 보는 인지적 틀을 형성하는 데 큰 영향을 미칩니다. 심리적 통제를 부모의 관심과 사랑이라고 포장하기도 하는데요. 이러한 관심과 사랑은 아이의 모든 것을 통제하고자 사용하는 은밀한 기술일 수 있습니다. 당연히 아이의 건강한 독립과 발달을 저해할 수 있죠. 결코 아이의 건강한 미래에 도움이 되는 방식이라 할 수 없습니다.

실전 연습

아이를 낳고 육아로 고군분투하던 시절, 주변 어른들은 이렇게 조언했습니다.

> "지금이 참 좋을 때다. 애도 어리고 엄마도 젊으니까. 시간이 지나면 이때로 돌아오고 싶다는 생각이 들 거야."

10여 년 넘게 훌쩍 지났지만 아직 그 시절로 돌아가고 싶은 마음이 들지 않는 것을 보면 그때가 마냥 즐겁기만 했던 건 아니었던 모양입니다. 아이를 돌보다 보면 엄마 자신을 위한 필수적인 행위들, 그러니까 먹고 자고 용변을 보는 일조차 쉽지 않습니다. 너무 바쁜 나머지 이유식 만들 시간은 있어도 내 밥상 차릴 시간은 사치처럼 느껴진다는 엄마들이 많죠. 끼니를 건너뛰고 불규칙적으로 몰아서 먹으니 체중은 믿을 수 없을 정도로 불어갑니다. 그렇게 힘들고 바삐 움직이는데 살이 찌니 주변에선 그냥 집에서 애기랑 놀고먹는 한량처럼 보이는지 핀잔도 줍니다.

과거의 '나'는 없어진 지 오래입니다. 이 시기에 주양육자에게 '나'라는 존재는 뒷전입니다. 수년간 아이를 키우다 보면 직업적 역량과 능력마저 희미해집니다. 아이가 유치원에 가는 시기가 되면 살짝 시간 여유가 생기긴 합니다. 경력이 단절된 많은 분이 이 시기에 복귀하기도 하지만, 설사 성공적으로 복직한다 해도 여전히 많은 심리적 혼란을 경험합니다.

아이가 학교에 입학하면 자유가 조금 주어집니다. 그러나 끊어진 경력을 이어 붙이기란 어렵습니다. 그렇다고 이 시기를 어떠한 준비도 없이 보내면 아이가 성장해 독립하는 과정이 '나의 일'을 상실하는 것처럼 느껴질 수 있습니다. '나'를 설명하는 것이 내 아이의 성적, 성공이 되어서는 안 됩니다. 꼭 직업적인 업무가 있어야 하는 것은 아닙니다. 경제적 보상이 있는 일이면 좋겠지만 경력이 단절된 것을 감안하면 곧바로 돈을 버는 것은 불가능에 가깝습니다. 그러한 사실을 수용하는 것이 시작점이 될 수 있습니다.

나중에 꼭 써먹을 일이 없어도 한번 새로운 무언가를 배워보는 것은 어떨까요? 그냥 재미있는 일이어도 좋습니다. 누구를 돕는 것도 가능하겠죠. 그 과정에서 잃어버린 나를 되찾고 내 삶에 의미를 부여해보세요. 물론 자녀 역시 나를 설명하는 자원 중 하나일 테지만 그렇다고 자녀에게만 전적으로 의존해선 안 됩니다. 자녀는 나의 유일한 목표, 희망, 에너지가 아니라 나를 둘러싼 영향력 높은 존재 중 하나일 뿐입니다.

경력 단절의 위기를 잘 넘겼다고 해서 모든 것이 쉬운 것은 아닙니다. 직장도, 집안일도 척척 잘해내는 여성을 우리는 '슈퍼우먼'이라고 부릅니다. 사실 집안일은 다양한 방법으로 도움을 받을 수 있어서 이전보다는 상황이 조금 나아지기는 했지만, 아이와 관련된 일만큼은 결코 가볍게 넘길 수 없습니다. 직장에 다니다 보면 아이와의 약속, 아이의 부탁을 그냥 넘기는 경우가 생깁니다. 특히 주로 평일 낮에 잡히는 학교 행사는 불참하기 일쑤입니다. "회사 일로 바빠서요."라는 말이 변명이나 합리화처럼 들리지 않기 위해서는 분명 많은 노력이 필요합니다.

부모가 바빠서 자신과 관련된 일을 챙겨주지 못한다고 아이가 상처를 받을까요? 아닙니다. 부모가 생각하는 '중요한 일'의 영역에 아이 자신이 없다고 느낄 때 상처를 받습니다. 변경할 수 없는 약속이 있다면 아이에게도 자세히 설명하고 이해를 구하는 과정이 필요합니다.

생각보다 아이는 성숙합니다. 부모의 이야기를 들어줄 준비가 되어 있고, 만일 부모가 진심 어린 마음으로 상황을 설명한다면 이해해줄 수 있을 만큼 성숙합니다. 부모 역시 아이의 부탁과 약속을 잊지 않기 위해 알람을 설정하거나 메모를 붙이는 등 다양한 방법으로 노력을 기울여야 합니다. '바쁘니까 잊어버린 건데 어쩌겠어?' 하는 태도로는 결코 아이에게 이해받을 수 없으니까요.

또 사람이라면 하루 동안 쓸 수 있는 신체적, 정신적 에너지에 한계가 있기 마련입니다. 직장에서 모든 에너지를 쏟으면 '제발 놀아달라고 매달리지 않았으면' '숙제는 혼자 했으면' 하는 마음이 생길 수밖에 없습니다. 특별히 아이를 사랑하지 않아서가 아니라 단지 지쳤기 때문에 그렇습니다. 부모는 기계가 아니라 사람이니까요. 그래도 우리 사랑스러운 아이를 위해서 10% 정도는 에너지를 남겨주세요.

자녀를 풍족하게 잘 키우기 위해 직장에서 열심히 일만 한다고 과연 아이가 알아서 쑥쑥 자랄까요? '나는 가족을 위해 헌신했어.' 하는 부모의 생각과는 다르게 아이는 '부모가 날 위해 해준 게 뭐가 있나? 자기 하고 싶은 일 하느라 바쁘게 지냈지.' 하는 생각을 할 수 있습니다. 앞서 소개한 해리 할로의 원숭이 애착 실험은 원숭이에게만 적용되는 것은 아닙니다. 먹이를 제공해주는 풍족한 환경도 생명 유지를 위해서 중요하지만, 정서적 허기를 채워줄 수 있는 사랑의 밥도 분명히 필요하니까요.

첫째와
둘째 사이

때때로 첫째아이가 동생을 맞이할 때의 기분을 배우자에게 다른 상대가 있다는 것을 알게 되었을 때 느끼는 배신과 분노에 비유하곤 합니다. 낯선 아기와 함께 나타난 엄마가 무척 서운한 것은 당연한 일입니다. 출생 후 부모의 사랑을 독차지하던 아이 입장에서는 경험해본 적 없는 알 수 없는 감정을 느끼는 순간입니다. 다행히 요즘에는 이러한 첫째아이의 '마음'에 관한 정보가 널리 알려져 있어서 미리 다양한 방식으로 첫째아이에게 준비하고 적응할 시간을 주곤 합니다. 그러나 사전에 동생에 관한 정보를 제공하고 미리 연습해도 막상 동생을 맞이하면 상황은 달라집니다. 아직 첫째도 아가니까요.

동생을 맞이한 첫째아이가 퇴행 행동을 보이기도 합니다. 아이가 갑자기 퇴행 행동을 하면 부모의 가슴은 무너져 내리죠. 그렇다고 첫째를 위해 동생을 방치할 수는 없으니 부모는 이러지도 저러지도 못하는 상황에 처합니다. 아기는 먹이고 입히고 씻기는 일도 정말 큰일이지만 가장 큰 관문은 재우는 일입니다. 둘째를 간신히 재우고 안도하는 사이 갑자기 평소 혼자 잘 자던 첫째가 울음을 터트립니다. 부모의 관심이 둘째에게 쏠린 것 같아 속상해서 터트린 눈물이었죠. 첫째가 울자 깜짝 놀란 둘째도 잠에서 깨서 울기 시작합니다. 첫째도 울고, 둘째도 울고, 몸도 마음도 지친 엄마도 함께 웁니다. 이 모든 것을 혼자 해낼 수 없기 때문에 엄마, 아빠의 협업이 무엇보다 중요합니다.

이제 첫째뿐만 아니라 동생의 심정도 한번 생각해볼 필요가 있습니다. 첫째가 동생을 맞이하는 시점은 적어도 돌 이후입니다. 그렇기 때문에 자신의 의사를 최소한 비언어적인 방법으로라도 표현합니다. 하지만 갓 태어난 둘째의 감정은 알기 어렵습니다. 흔히 둘째는 눈치가 빠르고 무엇이든 금방 배운다는 이야기를 합니다. 큰 장점이기도 하지만 한편으론 안쓰럽기도 합니다.

갓 태어난 둘째는 어떤 마음으로 세상을 바라볼까요? 첫째는 동생이 너무 예쁘다며 부드럽게 볼을 만지고 뽀뽀도 하고 달래기도 하지만, 때로는 동생이 신기한 나머지 엄마가 눈앞에 없는 사이 깜빡이는 눈을 만지거나 콧구멍을 찔러보기도 합니다. 둘째의 고난은 그뿐만이 아닙니다. 어느 정도 자라 뒤집기를 시작하고 기어 다니는 때가 오면, 이미 걷는 것은 물론이고 뛰고 있는 첫째가 눈에 들어옵니다. 둘째에게 첫째는 도저히 따라잡기 어려운 존재입니다. 둘째의 심정을 정확히 들여다볼 수는 없지만 첫째가 넘을 수 없는 큰 산처럼 느껴지겠죠.

혹자는 둘째를 '평생 왕좌에 오를 수 없는 2인자'라고 표현하더라고요. 물론 지금은 왕위를 물려주는 시대는 아니지만 둘째의 심정을 가늠해볼 수 있는 말입니다. 이처럼 형제, 자매, 남매 관계에서 '경쟁'은 피할 수 없는 부분입니다. 어쩌면 태어나면서부터 평화로울 수 없는 관계일지 모릅니다.

웃음의 소재로 종종 쓰이는 '현실 남매' 이야기를 아시나요? 길거리에서 우연히 만난 오빠와 여동생, 과연 인사를 할까요? 어떤 남매는 같은 지역으로 이사해서 산 지 6개월이 지나도록 서로의 존재를 몰랐고, 우연히 길에서 만나서 비로소 같은 동네에 사는 것을 알았다고 합니다. 남매의 경우 생물학적인 성이 달라서 기본적으로 서로에게 관심이 없습니다. 그래서 이러한 우스갯소리도 나오는 것이겠죠.

첫째와 둘째가 동성이라면 둘째는 필연적으로 옷, 신발, 장난감과 같은 물품을 물려받을 수밖에 없습니다. 첫째는 늘 새것만 사용하고 동생은 항상 헌것만 사용하는 것처럼 느낄 수 있겠죠. 그래서 보통 둘째는 불공평하다는 말을 입에 달고 삽니다. 쓸 만한 물건을 버리고 매번 다시 새로 사는 건 사실상 불가능합니다. 부모 입장에선 정말 풀기 어려운 딜레마죠. 나름 절충한다고 큰아이 물건을 살 때 둘째아이 것도 1~2개 같이 사보지만 그래도 둘째는 쉽게 납득하지 못합니다.

한편으로 놓치기 쉬운 것은 외동아이를 키우는 부모의 심정입니다. 출산 후 엄마들의 커뮤니티에 발을 딛게 되면 외동아이 엄마는 기를 펴기가 쉽지 않습니다. 아들 셋, 아들 둘, 딸 둘 등 여러 '다둥이 엄마'가 연이어 육아의 고통을 토로하는 가운데, 외동아이를 키우는 부모 입장에선 힘들다는 말을 꺼내기가 쉽지 않죠. 딸아이 한 명을 키우는 경우에는 더욱 그렇습니다. "애 하나 키우는 거라면 발로도 키웠다." 하는 장난스러운 농담에도 마음의 상처를 받아 슬퍼집니다.

외동아이의 마음은 어떨까요? 외동아이의 부모는 종종 형제자매가 없는 것에 대해 아이에게 미안한 마음을 느낍니다. 그런 마음에서 부모가 직접 그 빈 공간을 채우기 위해 노력합니다. 그런데 그러한 노력은 오히려 부작용을 가져올 수 있습니다. 제가 만나본 외동아이 중에 형제자매가 없다고 서운함을 느끼는 경우는 거의 없었습니다. 동생을 갖고 싶다고 조르던 어린 시절만 지나면 그러한 바람은 기억도 못하니 안심해도 됩니다. 그럼에도 부모 입장에서는 아이가 혼자 있는 모습이 안쓰러워 많은 것을 허용하게 됩니다.

당연한 말이지만 외동아이는 자라면서 형제자매로 인해 욕구가 좌절될 일이 없습니다. 다자녀 아이나 이를 양육하는 부모는 여러 갈등 상황을 경험하지만, 외동아이의 경우 아이가 직접 갈등을 다루고 해결하기보다는 부모가 직접 나서서 해결하는 경우가 많습니다. 그러나 아이가 맞닥뜨리는 바깥세상은 조금 다릅니다. 학교에 가보면 비슷한 성향을 가진 다른 외동아이도 있겠지만 다자녀 가정에서 자라 소위 '전투력'이 최상위인 아이도 매우 많습니다. 이런 경우 외동아이는 관심을 받지 못하거나 서열에서 밀려 처음으로 좌절을 경험합니다. 때로는 이러한 감정을 제대로 다루지 못해 신체적인 불편함으로 나타나기도 합니다.

부모가 척척 모든 일을 해결해주기보다는 가정 내에서도 아이가 직접 딜레마 상황을 경험하고 해결할 수 있도록 격려할 필요가 있습니다. 일정한 한계를 설정해 아이로 하여금 음식이나 물건을 나누고 양보할 수 있게 하고, 모든 시간을 함께 보내기보다는 부모와 떨어져 각자의 시간과 공간에서 온전히 무언가를 혼자 해보는 경험도 필요합니다.

다자녀 가정이든, 외동아이 가정이든 공통되는 부분은 부모가 아이와 같은 서열이 아니라는 점입니다. 부모가 다정하고 친근한 존재일 필요는 있지만 서열이 같아서는 안 됩니다. 살바도르 미누친(Salvador Minuchin)의 구조적 가족상담 이론에 따르면 가족 내 갈등은 대개 부부 체계, 자녀 체계의 구조와 경계가 불분명할 때 일어납니다. 부모와 자녀가 같은 체계에 존재하지 않고 상위와 하위 체계로 분류되어야 합니다. 즉 부모가 한계를 설정하고 통제할 수 있는 권위를 가져야 합니다. 부모가 친구 역할을 해줄 수는 있지만 친구 같은 부모는 결코 좋은 부모라고 하기 어렵습니다.

부부는 같은 체계에 존재합니다. 그리고 형제, 자매, 남매도 같은 체계에 존재합니다. 부부가 상하 관계를 갖거나 출생순위에 따라 상하 관계를 허용하면 가족 내 갈등이 생길 수 있습니다. 이러한 점을 명심한다면 좀 더 현명한 부모가 될 수 있을 것입니다.

우리에게 『미움 받을 용기』로 잘 알려진 심리학자 알프레드 아들러(Alfred Adler)는 인간 행동의 기본적인 목적은 열등감을 극복하고 우월감을 추구하는 것이라 했습니다. 열등감은 누구나 경험하는 보편적인 것이며 이를 극복하는 방식은 개인의 생활 양식(라이프 스타일)에 영향을 미칩니다. 가정은 인간의 삶에 있어 가장 기초적인 소속감을 제공하고, 그 안에서 경험하는 가족 내 출생순위에 따른 형제 관계 및 관련 역동은 개인의 인성에 많은 영향을 미칩니다. 더 나아가 사회적 관계에서도 비슷한 양식을 따르게 된다는 점에서 가족 내에서 형성되는 역할과 지위에 따른 상호관계는 매우 흥미로운 요소라고 할 수 있습니다. 아들러의 개인심리학에 등장하는 출생순위별 특성을 알아보면 다음과 같습니다.

첫째아이는 출생과 동시에 부모의 관심을 충분히 받은 채 생활합니다. 둘째가 태어나면 그동안 받았던 관심을 동생과 나누게 되는데, 아들러는 이러한 특성을 '폐위된 왕'으로 표현했습니다. 이때 아이는 열등감을 경험합니다. 만족스러운 관심을 받았던 시절은 과거이므로 이들은 과거 중심적인 태도를 보일 수 있고, 자신의 잃어버린 권력을 그리워하며 권위를 중요시하는 모습을 보일 수 있습니다. 큰아이가 첫째의 권위를 되찾아 왕위를 탈환하는 경우도 있고, 동생에게 순위에서 계속 밀려나는 위기감을 경험하기도 합니다. 부모의 양육 태도, 자신과 동생의 성별, 나이차에 따라 이후 양상은 달라질 수 있습니다.

둘째아이는 처음부터 부모의 사랑과 관심을 온전히 독차지하기보다는 맏이와 나누게 됩니다. 또한 자신보다 앞서가는 경쟁자를 눈앞에 둔 채 살아가므로 상대를 따라잡거나 이기려는 투쟁적인 자세를 보이기도 합니다. 첫째가 약점을 보이는 부분에서 영향력을 발휘해 인정과 칭찬을 받고자 노력하기도 하죠. 그러다 보니 첫째와 둘째가 동일한 계열로 진출하기보다는 다른 분야에서 활동하는 경우가 많습니다. 또한 눈치가 빠르고 꾀가 많아 상황에 대해 고려한 후 자신에게 이득이 없거나 이길 수 없는 상황이면 협력하는 방향으로 지혜를 발휘하기도 합니다. 양육 환경에 따라 동생이 없는 경우에는 둘째가 막내의 특성을 보일 수 있고, 동생이 태어나는 경우에는 둘째는 첫째가 느낀 상실감을 경험하면서 일부분 첫째의 경향을 보일 수도 있습니다.

셋째아이(막내)의 특성은 과잉보호입니다. 부모의 관심을 가장 많이 받는 존재라고 할 수 있죠. 부모나 첫째, 둘째에게 도움을 많이 받다 보니 의존적인 성향을 보일 수 있습니다. 간혹 성취지향적인 모습을 보이기도 하는데요. 앞서 있는 형제, 자매를 이기겠다는 진취적인 자세로 성공을 경험하기도 합니다.

외동아이의 특성은 첫째와 막내의 특성을 모두 반영한다고 볼 수 있습니다. 외동의 경우 부모와 주변 어른이 친구 역할을 대신하는 경우가 많아 어른과 많은 시간을 보냅니다. 그러다보니 조숙한 모습을 보이기도 합니다. 또한 관심의 중심에 있는 경우가 많아 자기중심적인 경향을 보일 수 있습니다. 교육기관에서 또래와 함께 생활하면서 주목받지 못하는 상황을 경험하면 쉽게 당황하거나 좌절할 수 있습니다.

가족 내 관계에서 아이들 사이에 형성되는 자세와 태도를 보면 출생순위에 따른 특성을 실제로 발견하곤 합니다. 이러한 내용을 감안하면 지나치게 인정받기를 원하는 아이, 맏이의 단점을 절대 놓치지 않고 자신과 비교하는 아이, 아이들 사이에 자연스럽게 형성된 권위적 서열 등도 쉽게 이해할 수 있습니다. 물론 가정의 분위기와 가족 내에서 형성되는 심리적 순위에 따라 다른 특성을 보이기도 합니다. 아이가 극단적인 성향을 보인다 해도 교육을 통해 충분히 그 방향성을 안전한 방향으로 돌릴 수 있으니 너무 걱정할 필요는 없습니다.

자녀가 부모에게 쪼르르 달려와 형이나 언니가 한 일을 이릅니다. 이 말을 들은 부모는 형이나 언니를 불러 혼냅니다. 뒤에서 환한 웃음을 짓고 있던 동생은 눈앞의 만족감에 눈이 멀어 형이나 언니의 복수를 예상하지 못합니다. 큰아이는 이 사건을 계기로 더 큰 분노를 동생에게 표출합니다. 딱 부모에게 혼나지 않을 만큼만, 이전보다 더 정교해진 방식을 사용해 동생을 괴롭힙니다.

위계질서를 바로 잡겠다는 생각, 정의를 실현한다는 생각, 우애를 가르친다는 생각으로 아이들 싸움에 부모가 개입하곤 하는데요. 부모의 취지는 대부분 달성되지 못하고 양쪽에서 원성만 듣고 끝나는 경우가 많습니다. 정말 화가 나는 것은 두 아이의 전쟁에 이성을 잃고 개입한 부모가 어느 순간 두 아이 모두에게 적군으로 취급되어 역공을 당한다는 것입니다. 피를 철철 흘릴 만큼 죽도록 싸우던 두 녀석. 어느 순간 하하호호 과자를 먹으며 수다를 떱니다. 이 싸움의 패자는 결국 부모입니다.

달걀을 한 바구니에 담지 말라는 투자의 격언이 있습니다. 싸움에 휘말린 두 아이를 한 장소에 두고 소통하지 않는 것이 중요한 원칙입니다. 생각보다 쉽지는 않습니다. 두 아이가 싸우는 모습을 보면 흡사 두 마리의 도마뱀 같습니다. 한창 싸움이 무르익었을 때 엄마 혼자서 두 참전용사를 분리시키기란 쉽지 않은 일입니다.

부모는 갑자기 판사로 돌변해 판결을 내리고 사건을 종결해버리고 싶은 마음도 듭니다. 아니면 양측에 등짝 스매싱 또는 폭언이라는 대대적인 폭격을 가해 분쟁을 멈추고 싶은 마음뿐입니다. 이러한 방법으로 표면적으로는 고요한 수면을 되찾을 수 있을지 모르지만 결국 마음의 바다 깊숙한 곳에 상흔을 남긴 채 종결됩니다. 고요한 날에는 눈으로 그 흔적을 찾기 어렵습니다. 하지만 아이들 마음이 혼란스럽고 요동칠 때 깊은 바다 어딘가에 남아 있던 그 상처는 수면으로 떠올라 의식세계를 지배합니다. '그때 엄마, 아빠는 날 때리고 심한 말을 하고 내 말은 귀 기울여 듣지도 않았지.'라는 생각이 떠올라 오늘 따라 유난히 더 까칠한 태도로 반항하고 대들지 모릅니다.

이러한 의식의 구조를 지그문트 프로이트(Sigmund Freud)는 빙산에 비유했습니다. 저 깊은 바다, 고래가 살고 있을지 모를 심해에 눈에 보이지 않지만 무한하고 자기 자신도 알기 어려운 무의식의 세계가 있습니다. 아이가 오늘 경험한 갈등은 의식 수준에서 감정을 다루고 종결될 수 있도록 돕는 것이 좋습니다. 오늘의 사건이 억울한 기억, 부모에 대한 원망으로 무의식 세계로 가라앉지 않도록 아이와 이야기를 나누는 과정이 필요합니다. 이 과정에서 무엇보다도 중요한 것은 깨지기 쉬운 달걀처럼 우리의 아이들도 한 바구니에 담지 말아야 한다는 것입니다. 두 아이를 나란히 무릎 꿇려 자기 반성을 유도하거나, 갑자기 서로에게 사과를 하도록 시키거나, 악수하거나 껴안으라고 하는 것은 날달걀을 한데 모아 깨지도록 뒤흔드는 것이라 할 수 있습니다.

갈등 없는 하루라면 참 평온하겠지만 오늘도 갈등은 분명 일어날 것입니다. 방학이라면 하루에 최소 3~5회 이상 갈등이 벌어집니다. 모든 갈등의 순간에 부모가 개입

3가지 의식 수준

의식

의식의 경계

전의식

무의식

할 필요는 없습니다. 가벼운 말싸움, 신경전 정도는 아이들 스스로 멈추고 감정을 추스를 수 있게 시간을 허용해주세요. 정도가 심해지고 물리적, 심리적 상처를 주고 있는 상황에만 부모가 개입하면 됩니다.

일단 싸움을 멈추도록 하고 둘 다 그 장소를 벗어나도록 분리한 다음, 아이들이 각각 자신의 이야기를 할 수 있도록 해야 합니다. 이때 다른 한 아이의 입장을 대변하는 자세를 보이지 않습니다. 이 대화의 목적은 잘잘못을 따지는 것이 아니라 아이가 자신의 감정의 흐름을 정리하고 이야기하도록 하는 것입니다. 아이에게 그때 어떤 감정이었는지, 어떤 이유에서 그 감정이 들었는지 물어봐주세요. 자기가 어떤 감정을 느끼게 되었는지 스스로 바라봄으로써, 앞서 우리가 연습했던 탈융합의 과정을 아이도 경험할 수 있습니다.

아이의 습관을 잡아주고 옳고 그름을 가르치는 것은 물론 중요합니다. 그러나 부모가 싸움에 개입해 판결을 내리거나 시시비비를 가리는 방식은 아이가 사춘기가 되면 위력을 발휘하기 어렵습니다. 아이가 부모와 계속 대화를 할 수 있도록 소통의 창구를 열어두는 것이 중요합니다. 아이의 행동과 말을 비판하는 과정은 교육의 효과도 없을 뿐더러 갈등을 심화시키는 결과만 가져올 뿐입니다. 화가 가라앉고 나면 아이도 객관적으로 자신의 행동을 바라보고 평가해 성찰할 여유가 생깁니다. 그때 비로소 대화가 시작될 수 있겠죠. 아이들 분쟁을 해결하는 것도 중요하지만, 분쟁이 반복되는 경우 갈등의 원인을 한번 바라볼 필요가 있습니다.

자녀의 성별이 다른 경우 자연스럽게 엄마, 아빠가 한 명씩 맡아서 시간을 보내는 경우가 많습니다. 예를 들어 수영장이나 목욕탕에 가는 경우 아들은 아버지가, 딸은 어머니가 맡게 되는데요. 반면 자녀들이 동성이라면 부모 한 사람이 아이들을 도맡아 보살피는 상황이 자주 발생합니다. 되도록 아이를 분리해 한 명씩 온전히 초점을 맞춰 집중적으로 시간을 보낼 필요가 있습니다. 두 아이를 떨어트려 각자 시간을 보낸다면 아이의 심리적 에너지를 재충전하는 데 도움이 됩니다.

한 아이만 데리고 도서관을 가거나, 쇼핑을 가거나, 가볍게 맛있는 것을 먹는 방법도 좋습니다. 무엇을 하는지는 중요하지 않지만 이때 다른 형제자매의 이야기를 꺼내지 않는 것이 중요합니다. 부모가 한 아이에게 온전히 집중하는 시간을 가져야 합니다. 다른 아이의 이야기를 꺼내면 오히려 비교하는 메시지로 받아들일 수 있고, 온전히 자신에게 집중하고 있다는 느낌을 받지 못할 수 있습니다.

아이의 성별이 다른 경우 동성 부모와 그동안 많은 시간을 보냈다면 때로는 반대로 이성 부모와 함께 시간을 보내야 합니다. 이 과정이 쉽지는 않겠지만 반복적으로 개인적인 시간을 보내 심리적 에너지를 재충전한다면 좀 더 관대한 모습을 보이게 됩니다.

자녀와 더불어 성장하기

요람을 흔드는 손이
세계를 통치하는 손이다.

_윌리엄 로스 월레스

✧ 여는 글

　　　　　반려동물을 키워본 적이 있나요? 아이가 태
어나 목을 가누고 뒤집고 기어가고 일어서고 뛰어가는 과정을 함
께한 기억이 희미해져가던 어느 날, 매우 따뜻한 털북숭이 강아지
와 만나게 되었습니다.

　모든 것을 낯설게 바라보던 강아지는 시간이 지나자 집 안 곳곳
을 활보하기 시작했습니다. 마치 아기가 신생아에서 성장해 기어
다니고, 걷고, 뛰면서 활동 영역을 넓히는 것처럼 말이에요. 강아지
를 키우다 보니 신혼 때 아기를 키우던 시절로 돌아간 것 같은 기분
도 들더군요.

　반려견을 키우는 가정이 늘어나면서 강아지를 훈련시키거나 교

정 행동을 교육하는 프로그램을 쉽게 만날 수 있습니다. 강아지 행동교정을 살펴보면 많은 부분에서 행동주의 심리학에서 기초했음을 알 수 있습니다. 행동주의 심리학은 1930~1960년 사이 미국 심리학계에서 관심과 주목을 받은 현대심리학의 한 관점에 해당합니다. 눈에 보이지 않는 마음을 연구하기보다는 표면에 직접적으로 드러나 눈으로 관찰할 수 있는 행동을 바라보고자 하는 입장이라고 볼 수 있어요.

여러 행동주의 심리학 이론이 동물 대상의 실험실 연구로 진행되었다는 점을 감안하면, 어쩌면 반려동물을 가르치는 데 행동주의적 접근을 활용하는 것은 자연스러운 일인지도 모릅니다. 그런데 재미있는 것은 아이를 양육하는 과정에도 이러한 방식을 적용한다는 것입니다.

강아지 배변훈련을 예로 들어볼까요? 배변훈련에 성공할 경우 적절한 보상을 주면 좋은 행동이 강화되고, 반대로 실수할 경우 지나치게 위축되지 않는 범위 내에서 처벌함으로써 부적절한 행동의 빈도를 낮춥니다. 예를 들어 배변훈련에 성공하면 큰 목소리로 칭찬해 감정적인 보상을 주고, 실패하면 강아지가 놀라지 않는 선에서 주의를 주는 식이죠. 이러한 방식은 행동주의 심리학의 조작적 조건형성이라는 학습 원리를 모태로 합니다.

아이의 배변훈련도 생각해보면 변기와 친숙해지고 긍정 감정과 연합되도록 많은 준비 과정을 거칩니다. 부모는 아이가 배변훈련에 성공하면 좋은 행동이 강화될 수 있을 만한 반응을 보이고, 반대로 아이가 실수하면 다시 도전할 수 있도록 격려함으로써 목표행동에 도달하게 됩니다. 강아지에게 있어서 1년은 인간의 1년과 다른 의미라고 합니다. 생후 1년이 된 강아지는 인간으로 보면 성인에 가까운 성장을 보인다고 해요. 그래서 아이를 키우는 일이 강아지를 훈련시키는 것보다 20배 가까운 인내심과 노력을 필요로 하는지 모릅니다.

이번 장에서는 학습심리학에서 주로 소개되는 이론과 이를 바탕으로 한 실천 방안에 대해 살펴보고자 합니다. 이미 여러분에게 익숙한 방법도 있을 거예요. 하지만 그러한 방식을 포기하지 않고 지속하는 분은 많지 않습니다.

그 이유로는 첫째, 아이는 성장해가면서 끊임없이 변화하기 때문에 성장하는 아이에 맞춰 규칙을 적용하기 어려운 부분이 있습니다. 둘째, 본래 규칙이라는 것을 꾸준히 지킨다는 건 어렵기 때문입니다. 이러한 전략을 습관화하기까지 자녀뿐만 아니라 부모 역시 많은 노력이 필요합니다.

책에서 소개하는 몇 가지 사례가 부모 자신과 아이에게 딱 들어맞지 않을 수 있습니다. 각 가정 내에서 환경에 맞게, 내 아이의 연령 변화에 맞게 규칙을 유연하게 수정한다면 가장 효과적인 방식이 될 수 있습니다. 다양한 시도 속에서 목표를 달성하는 경우도 있겠지만 때로는 실패도 경험할 것입니다. 실패를 두려워할 필요는 없습니다. 한 가지 분명한 건 실패를 통해 더 큰 도약을 할 수 있다는 거예요. 그 과정을 함께하며 부모와 자녀가 더불어 성장하길 기원합니다.

부모와 자녀 사이의
고전적 조건형성

한 아이가 도움을 요청합니다. 엄마가 방문만 열어도, 옆을 지나가기만 해도 기분이 좋지 않다고 말합니다. 자기가 왜 그런지 모르겠고, 엄마한테 그런 감정을 느낀다는 것 자체가 너무 힘들고 속상하다고 말합니다. 어찌 해야 할지 모르겠다고 호소합니다. 엄마 입장에서 이런 이야기를 들으면 마음이 무거워지고 한편으로는 '청소년 자녀들의 보편적인 마음이 아닐까?' 하는 생각도 듭니다.

마냥 철없이 투정 부리는 아동기를 지나 청소년기가 되면 아이는 종종 부모에게 짜증을 내고 부정적인 행동을 보입니다. 그러면서 스스로 괴로워하는 경우도 있고요. 다시 한번 말하지만 청소년기 아이는 이성적이고 논리적인 사고가 미숙하기 때문에 충동적인 말과 행동을 보입니다. 더불어 프로이트 이론에 따르면 아이는 남근기(3~5세)를 거치면서 '초자아'가 발달하기 때문에 부모를 미워하는 일에 대해 죄책감과 수치심을 경험합니다.

자식을 위해 헌신하고 사랑을 주는 부모를 미워하다니. 더구나 그 이유도 명확하지 않은 상황이라면 그런 감정을 느낀다는 것만으로도 받아들이기 힘들 거예요. 그렇다면 명확한 이유도 모른 채 부모에게 부정적인 감정을 느끼는 이유는 무엇일까요? 행동주의 심리학의 고전적 조건형성에서 그 답을 찾아보겠습니다.

부모를 위한 심리 가이드

행동주의 심리학은 눈에 보이지 않는 마음과 생각의 과정을 다양한 실험을 통해 눈으로 확인할 수 있도록 결과로 설명합니다. 흔히 친숙하게 떠오르는 것이 '파블로프의 개 실험'입니다. 러시아의 생리학자 이반 파블로프(Ivan Pavlov)는 어느 날 음식을 주기도 전에 개에게 이미 침이 분비되고 있는 현상을 관찰하고 의문을 가집니다. 음식이라는 자극이 주어지기도 전에 침 분비라는 반응이 일어났으니 말이죠. 이때 개에게 음식을 주기 위해

문을 열 때 종이 울린다는 것을 알게 되었고, 이를 바탕으로 음식이라는 자극과 종소리라는 또 다른 자극, 그리고 타액 분비라는 반응의 관계를 연구하게 됩니다.

음식을 보면 타액이 분비되는 것은 본능에 가까운 무조건적인 반응입니다. 그런데 이 음식이라는 무조건적인 자극과 함께 특정한 조건 자극을 반복적으로 제시하면, 이후에는 무조건적인 자극 없이 조건 자극만으로도 반응이 일어납니다. 이러한 원리를 고전적 조건형성이라고 합니다.

고전적 조건형성은 일상에서 쉽게 경험할 수 있습니다. 대표적으로 모델을 활용해 제품을 광고하는 것도 고전적 조건형성을 활용한 사례입니다. 인기 있는 모델과 제품을 반복적으로 함께 노출함으로써, 제품만 봐도 모델의 좋은 이미지가 떠올라 제품 구매라는 반응을 유도할 수 있기 때문이죠.

고전적 조건형성은 아이 양육에도 적용될 수 있습니다. 식사시간에 우리는 종종 아이에게 심각하고 무거운 이야기를 꺼내곤 합니다. "밥 먹을 때 아니면 애 얼굴을 볼 수가 없는데 그럼 언제 이야기합니까?"라고 많은 부모가 이야기합니다. 그러나 아이에게 부모의 의견을 전달하거나, 아이가 무언가 변화하기를 바라는 마음에 시작된 대화는 의도와 다르게 부정적으로 끝나는 경우가 많습니다. 이러한 경험이 반복된다면 나중에는 정말 친근하게 대화를 나누려고 했을 뿐인데, 아이는 식탁에 앉아만 있어도 연합된 기억이 떠올라 '기분 나쁨'이라는 반응이 일어날 수 있죠.

부모라는 존재가 폭력, 잔소리, 상실감과 같은 부정적인 이미지와 연합된다는 것은 매우 슬픈 일입니다. 어떤 부모도 원하지 않는 결과겠죠. 이러한 역기능 없이 아이를 교육시키고 키워낸다는 것은 참 어렵지만 결국 우리가 도달해야 할 지향점이라 할 수 있습니다.

일상에서 경험할 수 있는 고전적 조건형성에 대해 수업할 때, 한 학생이 초인종이 울리면 설레고 기분이 좋다고 발표한 적이 있습니다. 택배나 배달음식이 떠올라 초인종 소리만 들어도 행복해진다는 것입니다. 이처럼 연합 과정은 꼭 부정적인 감정과 이어지는 것은 아닙니다. 긍정적이고 힘을 주는 의미와도 연합됩니다. 어린 시절 애착인형만 봐도 그때의 위안과 따스함이 떠오르는 것도 긍정적인 감정이 연합된 사례입니다.

반대로 연합 과정에서 부정적인 감정과 이어지기도 합니다. 만일 아이가 부모와의 대화에서 '어이쿠, 또 시작이네.' '지겹다, 정말.' 하는 생각을 떠올리면 무척 슬플 것입니다. 강렬한 한 번의 경험이 굳어져 이러한 부정적인 감정과 연합되기도 하지만, 대부분은 오랜 시간 여러 차례 누적된 기억을 바탕으로 연합됩니다.

그런데 아이를 키우면서 어떻게 늘 좋은 말만 하고, 좋은 표정만 짓겠어요? 잘못된 행동에 대해 분명하게 이야기하고 가르쳐야 하는 순간이 있죠. 그럴 때는 짧고 단호하고 명확하게 전달해야 합니다. 어떤 방식으로 두 번 이상 교육했는데 교정되지 않았다면 그 방식은 효과가 없는 것입니다. 효과 없는 방식을 계속 고수할 필요는 없겠죠.

사랑, 감사함, 따뜻함이 부모와 함께 연합된다면 참 좋을 텐데, 성장하는 과정에서 때로는 잔소리, 권위적인 방식, 체벌 등이 연합되어 부모만 봐도 부정적인 감정이 일어나곤 합니다. 이미 자녀가 부모만 봐도 부정적인 감정이 떠올라 화를 내고 짜증을 내고 있나요? 영원히 고정된 연합이 아니니 안심하세요. 가족 구성원과 여행을 가는 이유는 반복되는 일상에서 벗어나 새로운 경험을 하기 위해서입니다. 여행과 같은 새로운 경험은 새로운 인상을 형성할 수 있는 좋은 기회가 되기도 합니다. 사춘기 자녀의 손을 다정하게 잡아본 기억이 없다고 이야기하는 분이 꽤 많습니다. 어린 시절에 꼬물꼬물 포동포동한 손을 꽉 잡고 놀이동산에 갔던 기억도 이제는 가물가물합니다. 익숙한 동네에서 벗어나 아이와 낯선 장소에서 여행을 하게 된다면 용기를 내어 아이의 손을 꽉 잡아보세요. 새로운 곳을 여행하는 일은 부모도 그렇지만 자녀에게도 긴장되는 일입니다. 이 긴장을 즐거움과 설레는 감정으로 바꿔보세요. 부모와 함께 먹는 식사, 부모의 애정 어린 손길이 여행의 즐거움과 강력하게 연합되어 긍정적인 결과를 자아낼 것입니다.

일상에서 실천할 수 있는 방안도 있습니다. 자녀의 이름을 부를 때 항상 부드럽고 따뜻한 톤으로 불러주세요. 혼내거나 야단칠 때 차라리 이름을 부르지 않는 것이 좋습니다. 혼내고자 하는 행위와 아이를 분리시켜 그 행위에 대해서만 명확하게 지도해야 합니다.

교정해야 할 행위를 했다고 해서 아이 스스로 모멸감을 느끼도록 이름과 처벌의 감정을 연결시킬 필요는 없습니다. 아이의 이름은 항상 존중하는 마음을 담아 사랑스럽게 불러줍니다. 이러한 과정을 반복적으로 경험하면 아이 자신도 이름이 불릴 때마다 그러한 감정을 함께 느끼게 됩니다.

사람의 감각은 참 신기합니다. 어떤 노래를 들으면 특정한 감정이 함께 떠오르고, 어떤 향기를 맡으면 특정한 기억이 함께 떠오릅니다. 부모-자녀 관계에서도 감각과 기억이 연합되는 경우가 있습니다. 저는 손가락이 좀 짧고 뭉툭해서 전체적으로 손의 크기가 매우 작은데요. 어머니는 제가 피곤하고 힘들 때마다 종종 그 손등을 주무르며 "아이고, 딱하지. 이렇게 작은 손으로 그걸 다 한다고." 하고 격려하셨습니다. 그래서일까요? 힘들고 피곤할 때면 그때의 기억이 떠올라 직접 제 손을 쓰다듬고 위로할 때가 있습니다.

아이에게 따뜻한 스킨십과 함께 긍정적인 메시지를 전달해주세요. 사춘기가 되어도 지속할 수 있는 간단한 스킨십을 아이와 함께 정하고 지속적으로 교감을 나누세요. 어색한 감정이 들어도 때로는 한 번씩 손도 잡고, 등도 토닥여주세요. 아이는 자라면서 많은 어려움을 경험하게 됩니다. 부모가 아이에게 보낸 긍정적인 메시지와 따뜻한 감각은 미래에 큰 힘이 되어 어려움을 극복할 원동력으로 작용할 것입니다.

시행착오를 통한
학습의 효과

아이가 성장하면서 가장 큰 기쁨을 느끼는 순간은 언제일까요? 자신이 스스로 무언가를 성공했을 때 느끼는 만족감은 그 어떠한 감정보다 강렬할 것입니다. 어린 시절의 성공 경험은 자기효능감을 증진시킬 뿐만 아니라 한 단계 더 어려운 과제에도 도전할 수 있는 발판이 됩니다. 학업 성적이 꼬리표처럼 따라다니는 청소년 시기에는 성공 경험에 부모가 관여할 수 있는 부분이 급격히 줄어듭니다. 그러므로 어린 시절에 쌓을 수 있는 성공 경험이 더욱 중요하다고 볼 수 있습니다. 이 시절에는 아주 작은 성공 경험만으로도 큰 만족감을 얻기 때문입니다.

신발 신기, 음식 먹기는 유아 시절에 도전할 수 있는 비교적 안전한 과제입니다. 그런데 챙겨야 할 게 한두 가지가 아닌 부모 입장에서는 이러한 도전을 허용하는 것이 무척 번거로울 수 있습니다. 예를 들어 외출하기 위해 밖을 나서는데 아이가 직접 신발을 신겠다고 떼를 씁니다. 밖에서 등원차량이 기다리는 상황이라면 스스로 신발 신는 과정을 기다리기가 쉽지 않습니다. 이럴 때는 추후에 따로 시간을 내서 아이에게 기회를 줄 필요가 있습니다.

아이가 직접 신발을 선택하고 스스로 신게 허용해주면 신기하게도 좌우 반대로 신거나 앞뒤 거꾸로 신는 경우가 있습니다. 신발을 잘못 신으면 일단 발을 딛는 순간 불편함을 느끼겠죠. 그럼 도움을 청하거나 아니면 그냥 그대로 신고 나가기도 합니다. 도움을 청하면 아이에게 신발을 바로 신는 방법에 대해 알려줍니다. 아이에 따라 한두 번 시행착오 끝에 성공하는 경우도 있고, 실패를 여러 번 반복할 수도 있습니다.

만일 아이가 도움을 청하지 않고 그대로 길을 나선다면 일단은 지적하지 말고 기다려주세요. 이 과정이 쉽지 않은 이유는 짝이 맞지 않거나 좌우가 바뀐 신발을 신고 다니다 넘어질 수도 있고, 주변에서 "애가 신발을 저렇게 신고 다니는데 엄마는 어딨는 거야?" "쯧쯧, 집에서 얼마나 신경을 안 쓰길래." 하는 반응을 보이기 때문입니다. 안전 문제도 마음에 걸리고, 주변 시선도 신경 쓰이겠지만 되도록 아이를 위해 조금만 인내심 있게 기다려주세요.

부모가 알아서 나서서 잘못된 부분을 교정해주면 아이는 시행착오 경험을 할 수 없고 새로운 기술을 습득하기까지 더 오랜 시간이 걸리게 됩니다. 반면 아이가 무언가 불편함을 느끼면 스스로 다양한 시도를 하게 되고 실패를 경험한 끝에 마침내 성공할 수 있어요. 시행착오를 경험하면서 욕구가 생기고, 성공을 통해 욕구가 충족되는 기쁨을 누리며 효과적인 학습이 이뤄집니다.

부모를 위한 심리 가이드

미국의 심리학자 에드워드 손다이크(Edward Thorndike)는 어떠한 일을 해결하기 위해 특정한 방법을 시행하고 그 결과에 따라 더 나은 방법을 고안해 최적의 상태를 추구하는 과정을 '시행착오'라고 설명합니다. 초기 실험에서 그는 고양이를 탈출장치가 있는 상자에 가두고 그 과정을 관찰했습니다. 고양이는 물어 뜯고 할퀴기를 반복하다 우연히 성공적으로 탈출합니다. 이때 문제 해결을 위해 필요한 시간을 주어진 기회의 수에 따라 함수로 표현하는데요. 반복적으로 동일한 실험을 시행할수록, 즉 기회의 수가 늘어날수록 고양이는 점점 더 빠른 시간 내에 탈출에 성공하는 모습을 보입니다. 이처럼 어떠한 일을 시도하는 과정에서 착오를 경험하고 점차 성공하는 법에 능숙해지는 것을 '시행착오 학습(Trial and Error Learning)'이라고 합니다.
생전 처음 경험하는 낯선 일 혹은 낯선 문제라면 능숙하게 성공
하기 힘들 것입니다. 부모 역할도 마찬가지겠죠. 다자녀를 키우
는 부모와 이야기를 나누면 종종 "첫째 때는 뭘 잘 몰랐어요."
하는 말을 합니다. 실제로 첫째를 키우면서 경험하는 여러 실수
와 오류는 새로운 변화와 성장의 원동력이 됩니다.

아이도 부모와 결코 다르지 않습니다. 실패가 뻔히 보이는 길임
에도 자녀는 꿋꿋이 걸어갑니다. 자녀가 작은 착오라도 경험하
지 않도록 길을 터주고 싶은 것이 부모의 마음이죠. 하지만 인
생을 살면서 어떻게 성공만 경험하겠습니까? 수많은 도전과 실
패, 실수와 착오로 단련된 아이와 그렇지 않은 아이의 삶은 크
게 달라질 수 있습니다. 무수히 많은 시행착오를 경험한 아이는
그 어떤 도전에도 두려움이 없고, 실패에 대응하는 힘도 탄탄해
질 것입니다.

실전 연습

많은 부모가 아이의 실패를 가만히 두고 보지 못하는 이유는 무엇일까요? 아마도 그 실패로 다시는 일어서지 못할까 걱정스럽기 때문이겠죠. "시험에서 한 번만 삐끗해도 생기부에 문제가 생기는데 그럼 어떡하나요?" "같은 데서 실패할 게 불 보듯 뻔한데 그럼 그냥 두고 보나요?" 하고 하소연하는 경우도 있습니다. 이러한 마음이 생겨나는 이유는 자녀의 능력을 온전히 신뢰하지 못하거나, 부모 자신이 주변을 통제하고 관리하려는 욕구가 강하기 때문입니다. 이 밖에도 여러 원인이 있지만 일단은 이번 실전 연습에서는 시행착오의 과정을 통한 '성장'에 초점을 맞추겠습니다. 아이의 작은 실수에도 마음이 불편하고 힘드신가요? 그렇다면 아이의 미래를 위해서라도 이번 실전 연습을 일상에서 꼭 실천해보기 바랍니다.

아이가 주도성을 보이는 시기가 되면 밥 먹을 때도 자기가 하겠다고 나서게 됩니다. 앞서 무조건적인 허용이 아닌 적절한 한계를 설정할 필요가 있다고 강조했는데요, 예를 들어 외식을 하고 있거나 주변을 더럽히면 곤란한 경우가 아니라면 아이가 스스로 밥을 먹을 수 있게 허용해주세요. 그 대신 아이에게 허용 범위를 명확히 인지시켜야 합니다. 정해진 규칙을 지키지 않으면 자유를 누릴 수 없다는 사실도 명확히 전달해야겠죠. 또한 뜨거운 음식, 다칠 수 있는 도구도 피해야 하고요.

이 시기의 아이들에게 스스로 하는 식사가 중요한 이유는 식욕을 채우기 위해 직접 몸의 근육을 조절해 음식을 입에 넣는 과정에서 얻는 기쁨과 만족감이 굉장히 크기 때문입니다. 아이가 성장하면서 터득하고 완성되는 자기조절능력은 어느 날 갑자기 생기는 것이 아닙니다. 자기 신체를 조절할 수 있다는 효능감을 느끼며 차근차근 그 영역을 확장해 나가는 것이죠. 먼저 신체를 조절하고, 더 나아가 자신의 사고와 감정을 조절하고, 이에 따라 나타나는 자신의 말과 행동도 조절하게 됩니다.

다시 한번 강조하지만 아이가 스스로 음식을 먹는 과정을 무조건적으로 허용해선 안 됩니다. 부모가 번거롭고 힘들지 않은 선에서 규율을 정할 필요가 있습니다. 어떤 음식이든 식탁을 벗어나 바닥까지 어지럽힌 것을 치우는 일은 쉽지 않습니다. 그러므로 시간적, 환경적 요인을 고려해 부모가 스트레스 받지 않고 받아들일 수 있는 범위 내에서 자유를 허용하는 것이 좋습니다.

아이가 어떤 일을 하든 중요한 건 부모의 '기다림'입니다. 기다려주세요. 언제까지 시행착오를 반복할지 알 수 없을지라도. 아이가 사춘기에 접어들면 실랑이를 벌이는 몇 가지 주제 중 하나가 방청소입니다. 전업맘이든, 직장맘이든 공통적으로 힘들어하는 부분이죠. 모든 집안일이 그렇듯 해도 해도 끝이 없고, 하루만 쉬면 바로 티가 나는 게 청소입니다. 특히 가장 난이도 있는 것이 아이 방청소입니다. 분명 아침에 치웠는데 아이가 귀가하면 언제 그랬냐는 듯이 방은 금세 더러워집니다. 기껏 치우면 자기 나름의 규칙이 있는데 마음대로 치웠다고 짜증내고, 자기 물건이 없어졌다고 또 짜증을 냅니다.

물론 엄마의 마음 상태가 평온한 날은 아이 방이 지저분해도 화가 나지 않습니다. 하지만 직장에서 퇴근하고 빨래, 청소, 식사 준비 등 온갖 일이 밀려 있는 상황이라면 아무리 마음이 너그러운 부모일지라도 화를 참기 쉽지 않습니다. 이때 그 마음을 한번 있는 그대로 바라볼 필요가 있습니다. 마음속에 완벽주의 성향, 결과 중심적 사고가 뿌리 깊게 자리 잡고 있지 않나요?

사실 방이 지저분하면 가장 불편한 것은 아이 자신입니다. 그런데 아이는 대개 지저분한 환경에 불편함을 느끼지 못합니다. 왜냐하면 불편함을 느낄 정도까지 더러워지지 않기 때문입니다. 휴지통이 가득 차서 더 이상 버릴 수 없게 되면 알아서 불편함을 느낄 텐데 그 전에 이미 부모가 나서서 청소를 대신합니다. 부모 입장에서는 집 안을 깔끔하게 치웠는데 아이 방만 지저분하니 옥의 티처럼 느껴집니다. 그 방까지 완벽하게 정돈되었으면 하는 마음에서 직접 청소하게 되죠. 그렇게 힘들게 치워놓은 방이 노력한 보람도 없이 뒤죽박죽 지저분해지면 화도 나고, 한편으로는 '자기 방 정리 하나 못하는 애가 나중에 무슨 일을 똑바로 할까?' 하는 걱정도 듭니다.

반복되는 생각의 연결고리를 끊어야 할 때입니다. 가족이 함께 사용하는 거실, 화장실을 어지르는 경우에만 단단히 지적하고 개인 공간은 아이가 직접 책임지게 합니다. 자기만의 공간을 정리하고 치우는 것은 부모의 영역이 아니기 때문입니다. 건강을 해치지 않는 선에서, 간단히 바닥 청소와 쓰레기를 비우는 정도로만 도움을 줍니다.

처음엔 지저분한 방을 지켜보는 게 힘들겠지만 서로의 공간을 존중하고 기다려주면 놀라운 기적이 펼쳐집니다. 어느 날 아이가 자기 방에 쌓여 있던 책을 정리하기 시작합니다. 기말고사 한 달 전이라며 1시간여 동안 물건을 정리하고 먼지를 닦아냅니다. 책장 정리, 옷 정리부터 시작해서 시키지 않은 청소기까지 돌립니다. 부모는 그런 아이를 보며 감격합니다. 자기 의지대로 움직여 청소를 한 적이 한 번도 없던 아이였기 때문입니다.

아이가 어떠한 분야에 도전할 때 같은 실수를 반복하고, 자신의 실패를 되돌아보고 새롭게 계획을 세워 도약하는 과정을 지켜보는 것은 결코 쉽지 않습니다. 하지만 먼 미래를 고려하면 이러한 과정은 분명 아이에게 필요한 경험입니다. 아이가 시행착오에서 배울 수 있도록 허용해주고, 기다려주세요. 한계와 범위를 정해 자유를 허락하고 믿음으로 기다려준다면 부모-자녀 관계에도 큰 도움이 될 것입니다.

강화와 처벌을 통한
조작적 조건형성

초등학교 시절을 떠올려봅시다. 시험 성적이 올랐거나, 운동회에서 활약했거나, 어떤 착한 행동을 해서 어른에게 보상을 받았던 기억이 한 번쯤 있으시죠? 수십 년 가까이 지난 지금도 뚜렷하게, 강렬하게 새겨진 추억이 있지 않나요? 저도 그런 기억이 있습니다. 저에게는 2살 터울 언니가 있습니다. 옷은 물론이고 책과 문제집도 물려받아 쓰는 일이 많았죠. 그러던 어느 날 성적이 오르자 부모님께서 보상으로 원하는 물건을 사주겠다고 하셨어요. 언니가 옆에서 통닭을 한 마리 시키자고 압박했지만 굴하지 않고 처음으로 인형을 사달라고 졸랐습니다. 누구와 공유해서 쓰는 것이 아닌, 온전히 새 것을 선물로 받고 싶었기 때문입니다.

선물로 받은 인형을 매일 바라보고 안고 자면서 성과에 대한 보상이 충분하다고 느꼈고, 다시 한번 그런 성과를 내고 싶다는 마음이 들었습니다. 그리하여 다음에는 더 열심히 하겠다고 다짐하는 계기가 되었습니다. 이처럼 어떠한 행동의 결과가 다음 행동의 동기가 되고 그 행동의 빈도를 증가시키는 것을 '강화'라고 합니다. 이때 강화를 제공하는 보상물은 '강화물'이라 합니다.

어떠한 행동이 자주 발생되도록 보상을 주면서 키울 수만 있다면 참 좋겠지만, 아이를 양육하는 과정에서는 어떠한 일을 하지 않거나 빈도를 줄여야 하는 상황이 발생합니다. 이처럼 어떠한 행동의 빈도를 낮추는 것을 '처벌'이라고 합니다. 이때 처벌은 벌을 준다는 의미와는 조금 다른데요. 목표행동이 발생하는 데 초점을 둡니다. 예를 들어 지각을 해서 청소를 시킨다면 지각의 빈도를 줄여가는 것이 '처벌'이고, 청소를 하는 행위가 '처벌물'에 해당합니다.

다시 정리하면 어떠한 행동의 빈도를 증가시키는 것을 강화, 행동의 빈도를 감소시키는 것을 처벌이라고 합니다. 강화물을 제공해 다시 그 행동을 반복하도록 유도하는 것과 처벌물을 통해 발생 행동의 빈도수를 줄이도록 유도하는 것, 이 2가지 원리를 조작적 조건형성이라 합니다. 앞서 설명한 고전적 조건형성이 자극의 연합을 통한 변화 및 자극에 대한 반응을 이야기한다면, 조작적 조건형성은 발생된 행동에 대한 결과가 다시 그 행동 유발에 영향을 미치는 원리를 이야기합니다.

그렇다면 우리가 일상에서 경험하는 강화와 처벌은 어떠한 것이 있을까요? 생각보다 삶의 다양한 순간에서 이러한 원리가 작용합니다. 이때 자녀를 양육하는 과정에서 조작적 조건형성이 긍정적으로만 작동하는 것이 아니기 때문에 주의해야 합니다. 때로는 표적행동이 아닌 다른 부분을 강화하기도 하고, 의도하지 않은 부분에서 처벌이 적용되기도 합니다. 이러한 일을 예방하기 위해 조작적 조건형성의 원리를 이론적으로 살펴볼 필요가 있습니다.

부모를 위한 심리 가이드

아이에게 어떠한 행동이 더 자주 일어나도록 하기 위해서는 어떠한 장치가 필요할까요? 바로 강화인데요. 강화는 정적강화와 부적강화로 구분합니다. 용어만 보면 헷갈릴 수 있는데 정적은 '+'의 의미, 부적은 '−'의 의미를 갖고 있다 생각하면 이해가 쉽습니다.

정적강화는 아이에게 어떠한 것을 제공해 행동을 유발하는 것입니다. 당연히 아이에게 긍정적인 무언가를 제공해야 행동이 유발되겠죠. 그래서 정적강화물은 대개 칭찬이나 특정한 보상이 활용됩니다. 반면 부적강화는 아이에게 무언가를 제거해 행동의 빈도를 증가시키는 것입니다. 아이가 싫어하는 것을 면제해야 목표행동을 촉진할 수 있겠죠. 부적강화물은 청소 면제와 같이 싫어하는 무언가를 제거해주는 것입니다.

아이의 성향이나 환경에 따라 어떠한 일의 빈도를 높이기 위해서 각기 다른 전략이 필요합니다. 앞서 알아본 아이의 기질에 따라 전략을 달리해야 합니다. 예를 들어 자극 추구가 높은 아이는 새로운 보상을 제공해주는 것, 즉 정적강화가 효과적일 거예요. 반대로 위험 회피 기질이 강하고 하기 두려워하는 일이 있다면 그것을 면제해주는 부적강화가 행동 촉진에 효과적이겠죠.

강화와 대비되는 의미의 처벌은 어떠한 행동의 빈도를 낮추는 일입니다. 처벌도 정적처벌과 부적처벌로 구분할 수 있습니다. 정적처벌은 무언가를 제공하는 것이고, 부적처벌은 무언가를 회수하는 것입니다. 예를 들어 정적처벌이란 아이가 싫어하는 것을 제공해 목표행동의 빈도를 낮추는 것으로 '수업시간에 떠들면 교실 청소를 한다.' '형제들끼리 싸우면 바닥을 닦아야 한다.' 하는 규칙을 정했다면 '청소'가 정적처벌물에 해당합니다. 반대로 부적처벌은 무언가를 박탈해 목표행동의 빈도를 낮추는 것으로 아이가 좋아하는 것을 못하게 하는 대상물이 부적처벌물이 되겠죠. 예를 들어 '휴대폰 사용시간은 3시간 이하로 제한

하고, 이를 지키지 못하면 휴대폰을 압수한다.' 하는 규정이 있다면 휴대폰을 압수하는 것은 부적처벌물, 휴대폰 사용시간을 지키는 것은 목표행동에 해당합니다.

이러한 처벌이 효과를 보이기 위해 지켜야 할 몇 가지 원칙이 있습니다.

첫 번째, 수반성의 원칙을 지켜야 합니다. 쉽게 말해 부과된 처벌이 특정 행동에 수반적으로 따른다고 인식하게 해야 합니다. 아이로 하여금 목표행동과 처벌 간의 관계를 명확히 인식하도록 해야 한다는 것입니다.

두 번째, 근접성의 원리입니다. 교정하고자 하는 행동과 처벌 사이의 시간 간격은 짧아야 합니다. 즉각적인 처벌일수록 효과적이라 할 수 있습니다. 종종 아이에게 지난 일에 대해 비난하고 뒤늦게 벌을 주는 경우가 있는데요. 이 경우 수반성의 원칙뿐만 아니라 근접성의 원리와도 거리가 있어 효과를 보기 힘듭니다.

마지막으로 세 번째, 처음부터 효과적인 수준의 강도로 처벌하는 것이 좋습니다. 처벌물의 강도를 약한 것에서 강한 것으로 점진적으로 증가시키는 것은 효율적이지 않습니다. 만일 핸드폰 사용 제한을 처벌로 삼았다면, 점진적으로 금지시간을 늘려가는 방식은 면역 효과만 유발할 수 있습니다.

여러 부모와 이야기를 나누다 보면 내 아이의 장점보다는 단점,

아쉬운 점, 고쳤으면 하는 부분이 더 자주 언급되곤 합니다. 강화보다는 처벌을 주로 쓰는 경우가 많죠. 한 가지 강조하고 싶은 건 처벌만으로는 한계가 있다는 거예요. 처벌은 어떠한 목표 행동을 멈추게 하는 기능은 있지만 새로운 행동을 유도하거나 효율적인 학습 목표 달성과는 거리가 있습니다. 또한 의도치 않은 부분에서 강화를 얻게 될 수 있어 유의해야 합니다. 교정하고자 하는 표적행동의 빈도를 줄이기 위해 꾸중하는 것을 반복할 경우 그 행위가 오히려 친구들의 주목을 받는다고 생각하거나, 부모님의 관심을 끈다고 생각할 수 있어요. 그러면 처벌물이 강화물로 작용할 수 있겠죠.

처벌만 받은 아이는 위기를 모면하기 위해 거짓말을 하거나, 폭력성을 자극해 공격성이 늘어날 수 있어요. 바람직한 행동을 촉진하고 개선하고자 한다면 강화도 반드시 필요합니다. 행동주의 심리학에서 말하는 효과적인 강화와 처벌을 우리 아이 양육에 적용해봅시다.

우리 아이가 바람직한 자세를 갖추고 일상과 학업에 있어서 긍정적인 표적행동을 강화하려면 어떻게 해야 할까요? 좀 더 체계적인 방법으로 강화계획을 세운다면 어떤 행동이 더 자주 일어나도록 설계할 수 있습니다. 강화물을 제공하는 시간과 횟수를 다양하게 설정하는 방식으로 말이죠.

5가지 강화 유형

강화계획은 크게 연속강화와 부분강화로 나뉩니다. 연속강화는 목표한 행동이 발생할 때마다 강화물을 제공하는 것이고, 부분강화는 목표한 행동이 일어날 때 간헐적으로 강화물을 제공하는 것입니다. 부분강화는 다시 고정간격강화, 변동간격강화, 고정비율강화, 변동비율강화로 구분됩니다. 여기에서 간격은 시간을 의미하고, 비율은 횟수에 해당합니다. 각각의 개념을 살펴보겠습니다.

간헐적인 보상이 주어지는 부분강화 중 첫 번째로 고정간격강화는 일정한 시간을 두고 목표행동에 대한 보상이 주어지는 개념입니다. 대표적으로 월급을 예로 들 수 있습니다. 급여를 받는 경우 월급날 바로 직전, 즉 강화물이 주어지는 시기에 가장 일을 열심히 하게 되지 않나요? 회사에서 직원이 퇴사하는 시기를 보면 급여 또는 보너스를 받을 수 있는 요건을 충족하기 전에 퇴사하는 경우는 많지 않습니다. 가능하다면 강화물에 해당하는 급여 또는 보너스를 수령한 후에 퇴사하는 것이 일반적입니다. 강화물을 받은 직후 강화 효과가 급감하기 때문입니다.

두 번째로 변동간격강화는 간헐적으로 시간 간격을 두고 강화물을 받는 것입니다. 임의로 정한 범위 내에서 평균적인 시간에 강화물을 제공하지만 학습자 입장에서는 불시에 강화가 주어지는 것처럼 느껴질 수 있어요.

세 번째로 고정비율강화는 일정한 횟수마다 강화물을 제공하는 것입니다. 일상에서 쉽게 경험하는 것이 적립 스탬프입니다. 적립 스탬프를 활용하는 카페에 방문하면 보통 10회 정도 도장을 찍으면 무료 음료권을 받게 됩니다. 처음에 카페에 가서 적립 여부를 물으면 별 기대 없이 도장을 찍게 되죠. 하지만 8회가 넘어서면 다른 카페에 갈 수 있는 상황이 되어도 이왕이면 남은 스탬프를 찍을 수 있는 해당 카페에 방문합니다. 그렇기에 고정비율강화는 강화물을 받기 직전에 반응률이 가장 좋습니다. 받고 난 후에는 강화가 일어나지 않는 휴지 현상이 일어납니다. 무료 음료를 받고 나면 아무래도 해당 카페에 대한 충성도가 한동안 떨어지는 모습을 보일 수 있겠죠.

마지막 변동비율강화는 강화물이 제공된 이후 일정하지 않은 횟수마다 보상이 주어지는 것입니다. 받는 사람 입장에서는 간헐적으로 보상을 받게 된다고 믿게 되므로 휴지 기간이 거의 없다고 볼 수 있습니다. 중독 현상을 보이는 많은 것이 이러한 원리에 따라 움직이기도 하는데요. 도박을 해서 한 번 돈을 벌어본 사람, 복권을 사서 작은 금액에라도 당첨된 사람은 다음 기회도 언제 어떻게 올지 모른다는 생각에 지속적으로 베팅을 반복합니다. 아이의 일상에서도 이러한 강화를 경험하게 될 때가 있어요. 마트에 가서 제일 난감한 것이 아이가 장난감 코너에서 떼를 쓸 때입니다. 때때로 소란을 피우는 아이를 진정시키기 위해 원하는 대로 들어주는 경우가 있어요. 이것이 변동비율강화의 대표적인 예입니다. 아이 입장에서는 우연히 얻어걸린 이 기회를 다음에도 잡기 위해 더욱 요란하고 활기차게 떼를 쓰게 됩니다. 변동비율강화는 이처럼 휴지 기간도 없고 반응률도 최상입니다.

이러한 강화계획을 우리 아이 교육에 효율적으로 활용할 수 있습니다. 강화계획을 세울 때 가장 먼저 해야 할 일은 목표행동을 설정하는 것입니다. 만일 책 읽는 습관을 들이고 싶다면 아이가 책을 펼치고 책상에 앉을 때마다 강화물을 제공해주세요. 이것이 바로 연속강화입니다. 독서 습관이 잡혀 있지 않은 초기 단계에서는 연속강화가 큰 효과를 보입니다. 하지만 이후 특정 행동이 어느 정도 습관으로 자리 잡으면 다른 강화계획이 필요합니다. 이때 부분강화를 함께 활용할 수 있습니다.

강화계획을 설계할 때 가장 중요한 것은 행동계약을 명확하게 하는 것입니다. 이 과정은 아이와 함께 이뤄져야 하고, 합의를 바탕으로 명확히 문서화할 필요가 있습니다. 목표행동은 아이의 특성에 맞게 설정합니다. 독서가 될 수도 있고, 생활 규칙이 될 수도 있습니다. 중요한 것은 매일 조금만 노력을 기울이면 성공할 수 있을 만큼만 목표로 설정하는 것입니다. 또 성공 여부를 측정 가능하게 구체적으로 규정해야 합니다. 예를 들어 '매일 책 읽기' '매일 수학 공부하기'보다는 '매일 책 5장 읽기' '매일 연산 문제집 한 페이지 풀고 채점하기'로 구체화하는 것이 좋습니다. 이러한 행동계약은 아이 스스로가 잘 지킬 수 있다는 약속을 바탕으로 서명까지 받는 것이 좋습니다.

강화계획을 세워 행동계약을 맺을 때 고려할 점은 연속강화와 부분강화를 함께 활용하는 것입니다. 행동계약의 시작과 끝을 시기적으로 설정하는 것이 좋습니다. 처음에는 한 달 동안 하는 것을 목표로 삼고 점차 늘려가는 것도 좋겠죠. 아이의 연령과 과제의 특성에 따라 다르게 설정할 수 있습니다. 단 목표행동을 습관화하기 위해서는 적어도 2개월 정도는 지속하는 것이 좋습니다.

처음에는 성공 여부를 즉시 확인할 수 있도록 스탬프나 스티커로 1차적인 보상을 줍니다. 계약 기간 동안 성공적으로 계약을 이행하면 최종적으로 2차적인 보상을 받을 수 있게 설계합니다. 마치 카페에서 음료 스탬프를 모으면 무료 음료를 받는 것처럼 말이죠. 최종적인 보상은 아이가 느끼기에 고통을 감수할 정도로 충분히 커야 합니다.

아이를 키우는 집이라면 아마 '스티커 제도'를 도입한 경험이 있을 것입니다. 이 방식을 행동주의 심리학에서는 '토큰 경제(Token Economics)'라고 합니다. 그런데 이러한 규칙이 지속되지 못하는 데 몇 가지 이유가 있습니다. 스티커 제도를 시행하자는 결정을 내린 다음 많은 부모가 가장 먼저 하는 일은 문구점에서 예쁜 스티커를 사오는 것입니다. 이 규칙이 성공적으로 지속되기 위해 중요한 것은 학습자의 자발적 참여입니다. 즉 규칙을 유지하기 위해서는 부모가 아닌 아이가 가장 큰 기여를 해야 합니다. 따라서 스티커도 아이와 함께 골라야 합니다.

집에서 학습지를 푸는 경우 뒤 페이지에 종종 스티커가 동봉됩니다. 이 스티커는 수업시간에 필요한 몇 장을 사용하고 나면 나머지는 그대로 남아 있습니다. 이러한 스티커만 모아도 토큰 경제에 유용하게 기여할 수 있습니다. 아이가 이런 스티커를 자발적으로 모아서 가져올 수 있게 유도해주세요. 강화계획이 더욱 성공적으로 이뤄질 것입니다.

토큰 경제가 성공하지 못하는 또 다른 이유는 스티커를 획득할 수 있는 기준이 명확하지 않기 때문입니다. 예를 들어 '착한 일을 하면' '심부름을 하면' '동생 잘 돌보면' 등의 규칙을 세웠다면 내용 자체를 재고할 필요가 있습니다. 부모 입장에서는 좋은 습관을 들이기에 좋은 방식이라고 느끼겠지만 아이 입장에서는 명확하지 않고 어려운 목표일 수 있어요. 그렇기에 규칙은 되도록 명확해야 합니다. 생활습관,

학습습관을 각각 분리해 명확하게 보상체계를 세워야 합니다.

'재활용 쓰레기를 함께 버리면 3장' '동생과 30분 동안 싸우지 않고 블록놀이를 하면 2장' 이런 식으로 규칙을 구체화해야 합니다. 무엇보다 규칙은 아이와 함께 상의해서 결정하는 것이 좋습니다. 물론 학습습관은 아이 스스로 해야 할 일을 정하기 쉽지 않은 부분이 있습니다. 이 부분은 부모가 도와줄 필요가 있겠죠. 어느 정도 시간이 지나 아이가 토큰 경제를 활용한 학습습관 바로 세우기에 익숙해지면 그 이후 아이 스스로 규칙을 수정하거나 보완할 수 있습니다.

아이의 사회성이 어느 정도 발달하면 집 안에서 해야 하는 일에 대해서는 어떠한 보상을 받고 행하는 일이 아닌, 가족 구성원으로서 당연히 함께 하는 일이라는 인식을 가지도록 유도해야 합니다. 부모가 아이에게 밥을 차려주고 보상으로 돈을 받지 않는 것처럼 아이 역시 가족 구성원으로서 자신의 역할을 맡아 책임질 수 있도록 가르치는 것이 좋습니다. 그러기 위해 지속적으로 함께 규칙을 논의해 토큰 경제의 과정과 목표를 계속 진화시켜야 합니다. 성공적인 강화를 위해서는 성공 여부를 측정할 기준이 명확해야 합니다.

마지막으로 토큰 경제가 성공하지 못하는 가장 큰 이유는 학습자 입장에서 이 제도가 충분한 보상이 되지 못하기 때문입니다. 아이 입장에서 이 종이 스티커를 모은다는 건 큰 의미가 없을지 모릅니다. 그렇기에 보상 제도는 연령에 따라 변화해야 합니다. 유치원 시절에는 스티커로 할 수 있는 일을 약속으로 정하고 이 역시 규칙으로 만드는 것이 좋습니다. 아이마다 원하는 것이 다르기 때문에 규칙을 세우는 과정이 아이의 생각을 알아보고 탐색할 수 있는 좋은 기회가 되기도 합니다. 어떤 아이는 '스티커 100장으로 할 수 있는 일'로 '엄마가 새우튀김 만들어주기'를 선택할 수도 있고 '방에서 텐트 치고 하루 자기'를 선택하기도 합니다.

아이가 성장해서 경제관념을 교육해야 하는 시기가 되면 이 스티커 한 장을 화폐로 환산해 사용하는 것도 매우 효율적인 방식입니다. 요즘 부모는 '엄카(엄마 카드)'를 그냥 주기 때문에 용돈이 따로 필요 없다고 하는데요, 그것과는 별개로 매달 일정 금액을 용돈으로 지급하는 것이 좋습니다. 그렇게 되면 매월 주는 용돈은 고정간격 강화물에 해당합니다. 동시에 스티커는 노력으로 모은 보너스, 성과급과 같은 역할을 합니다.

스티커를 모아 얻은 화폐로 아이가 원하는 물건을 산다면 바람직한 소비습관을 키울 수 있습니다. 보통은 부모 지갑에서 나오는 돈으로 물건을 사주는데요, 어렵게 모은 스티커로 물건을 사야 하는 상황이 되면 아이는 심사숙고해서 소비를 결정할 거예요. 스티커 100장을 열심히 모아서 정말로 원했던 가방이나 장난감을 사면 아이는 효능감과 만족감을 경험합니다.

최근에는 은행마다 청소년을 위한 체크카드를 다양하게 출시하고 있습니다. 부모가 애플리케이션을 통해 아이에게 용돈을 보내줄 수도 있고, 다양한 미션을 수행하면 보너스로 용돈을 추가로 보낼 수 있습니다. 교통카드뿐만 아니라 이것저것 챙길 것이 많기 때문에 현금을 쓰는 것이 번거롭다면 카드로 대체하는 방법도 좋습니다. 부지런히 모은 스티커라는 보상물이 좀 더 실용적인 화폐로 바뀌고 금액이 쌓여가는 것을 계좌를 통해 확인한다면 경제관념을 키우는 데 큰 도움이 됩니다. 특히 청소년 시기에는 이것저것 사고 싶은 것이 많아지기 때문에 그동안 의지가 약해지고 소홀히 대했던 스티커 모으기에 다시 집중하는 모습을 보이기도 합니다.

필요한 만큼 현금화해 사용하고 남은 스티커를 성인이 되는 시점까지 간직하면 파격적인 이자로 보상하는 것까지 강화계획에 포함해보세요. 만족지연을 자극해 자기조절능력까지 제고할 수 있습니다. 예를 들어 스티커 1장당 100원이라면 고등학교를 졸업하는 시점에는 스티커 100장을 1만 원으로 환산하는 것이 아닌, 1만 2천 원으로 보상해준다고 명시하는 거예요.

강화를 활용한 조작적 조건형성의 원리는 학습에 있어 매우 효과적인 방법입니다. 그럼에도 이러한 강화 효과를 약화시키는 경우가 있습니다. 우선 결과로부터 학습자가 소외되는 것입니다. 강화물로 돈을 이용해 보상하기로 했다면 이 보상은 아이가 받아 사용 여부를 판단할 수 있어야 합니다. 만약 이렇게 얻은 현금 보상을 부모가 다시 수거해 통장에 넣고 나중에 주겠다고 통보한다면 강화물을 획득하더라도 만족감을 얻기 힘들겠죠. 또 목표한 행동을 스스로 달성하는 것이 아니라 부모가 중간에 도와주는 것, 목표를 달성했을 때 보상을 제공하는 것이 아니라 다음으로 지켜야 하는 규칙을 추가로 지정하는 것 또한 지양해야 합니다.

아이로 하여금 긍정적인 루틴을 만들고, 성취감을 바탕으로 한 자존감의 뿌리를 깊게 내릴 수 있도록 다소 번거롭더라도 장기적인 계획을 세우고 노력을 기울여야 합니다. 아이와 부모가 함께 성장할 수 있는 좋은 기회가 될 것입니다.

자녀를 비추는 거울,
관찰학습 효과

아이는 걸음걸이부터 말투까지 부모를 따라 하곤 합니다. 타고난 기질의 영향도 있겠지만 관찰학습의 결과물일 수도 있습니다. 많은 전문가가 부모의 '모범'을 강조하는 이유입니다. 심리학자 앨버트 반두라는 관찰학습의 효과를 연구하기 위해 보보인형 실험을 진행했습니다. 반두라는 아동을 3개 집단으로 분류해 한 명씩 장난감을 10분간 가지고 놀게 했습니다. 첫 번째 집단은 보보인형을 공격적으로 대하는 성인 모델과 놀게 하고, 두 번째 집단은 어떤 공격적인 모습도 보이지 않는 성인 모델과, 세 번째 집단은 성인 모델 없이 인형만 가지고 놀게 통제합니다. 그 결과 공격적인 성인 모델을 관찰한 첫 번째 집단은 나머지 두 집단에 비해 공격적이고 비이성적인 성향을 보였습니다. 많은 부모가 모범을 보이기 위해 노력하는 이유는 이러한 관찰학습 효과의 위력에 대해 알고 있기 때문입니다.

관찰자-학습자의 관계, 관찰 대상에 해당되는 롤모델의 특성 등 다양한 요인이 관찰학습에 영향을 미칩니다. 교육자, 양육자 입장에서 이러한 부분을 반영해 모범을 보일 필요가 있습니다. 그럼 효율적인 관찰학습을 위해 어떠한 부분을 고려해야 할까요?

부모를 위한 심리 가이드

부모가 아이 앞에서 좋은 모습을 보이기에 앞서 생각해봐야 할 것은 다음과 같습니다. 첫째, 관찰 대상에 대한 관심이 높아야 합니다. 둘째, 관찰을 통해 획득된 정보가 유지되어야 합니다. 셋째, 획득된 내용을 재연을 통해 반복하고 연습이 이뤄져야 합니다. 마지막 넷째, 아이에게 관찰학습이 일어나기 위한 동기가 있어야 합니다.

어린 시절에는 부모가 최고의 롤모델이고 가장 관심이 높은 대상입니다. 하지만 아이가 성장할수록 그 관심은 점차 변화할 수 있습니다. 물론 부모와 자식의 관계가 지속적으로 긍정적으로 유지되고 자녀에게 있어 부모가 선망의 대상인 경우도 있지만 대부분 사춘기 무렵이 되면 상황은 달라집니다. 부모보다는 친구, 선배 또는 좋아하는 연예인을 모방하고자 노력할 가능성이 높습니다. 이러한 요건을 고려하면 부모가 모범이 되어 학습을 유도하는 것은 비교적 어린 나이에 효과적인 방법입니다.

"아이가 어릴 때 모범을 보이기 위해 항상 책을 들고 다녔는데 아이는 책을 거들떠 보지도 않더라고요." 하는 부모도 있습니다. 앨버트 반두라의 실험에서 그 이유를 찾을 수 있습니다. 반두라는 보보인형 실험에서 폭력적인 행동을 한 후 강화물을 받은 경우, 처벌물을 받은 경우, 중립적인 반응을 보인 경우 관찰학습 효과가 어떻게 변화했는지 분석했는데요. 강화물을 받은 경우 관찰학습 효과가 가장 높았습니다.

아이가 부모의 행동을 따라 하고 관찰학습이 이뤄지길 원하시나요? 그렇다면 지금 하는 일을 진심으로 즐겨보세요. 단지 아이에게 행위만 보여주고 따라 하기를 바라는 것은 효과가 좋지 않습니다. 부모가 열심히 책을 읽고 공부하는 것처럼 보이는데 그 모습이 너무 힘들어 보이거나 지루해 보인다면 따라 하고 싶지 않겠죠. '독서'라는 행위 자체에 어떤 보상도 없는 것처럼 보인다면 관찰자는 그 행동을 절대 학습하지 말아야 할 요소로 여기게 됩니다.

관찰학습이 효율적으로 일어나려면 부모는 어떤 노력을 기울여야 할까요? 이번에는 일상의 한 장면에서 관찰학습이 어떻게 이뤄지는지 살펴보겠습니다.

엄마들과 대화를 나누면 "오늘은 뭐 먹을까?" 하는 공통된 화제가 튀어 나옵니다. 과거 도시락을 싸던 시절에는 "내일 도시락 반찬은 뭘로 할까?"가 가장 큰 걱정거리였죠. '의식주'라는 삶의 기본적 요소 중 특히 끼니의 문제는, 엄마 입장에서는 무척 다루기 힘든 주제입니다. 그렇게 느껴지는 가장 큰 이유는 '끝'이라는 성취감이 느껴지지는 않는 데 있습니다. 물론 내 가족이 맛있게 먹고 아이가 쑥쑥 자란다는 만족감은 있지만 요리는 끝이 없습니다. 요리는 도달점이 있는 어떤 목표라기보다는 지속적으로 반복되는 행위에 가깝습니다.

식사를 준비하는 반복적인 과정에서 관찰학습을 유도하는 방법은 '정성을 다하는 것'입니다. 최근에는 배달과 밀키트 시장이 활성화되면서 해 먹는 것보다 사 먹는 것이 경제적이란 말이 나올 정도로 시대가 바뀌었습니다. 이러한 변화에 대해 부정적으로 생각하지는 않습니다. 모든 조리 과정을 처음부터 끝까지 부모가 맡지 않아도 됩니다. 단지 상을 내놓는 마지막 단계에서 조금만 정성을 다하면 밥상에 마음을 담을 수 있습니다. 누구에게 보여주거나 SNS에 공개할 목적이 아니더라도 과정에 정성을 다하는 자세를 갖추는 것에 큰 의미가 있습니다.

백 번 말보다 한 번 행동이 낫습니다. 반복적인 관찰학습의 효과는 전혀 예상하지 못한 곳에서 발현되었습니다. 아이가 유치원생이 되더니 주말에 엄마, 아빠에게 아

자녀를 위해 정성을 다해 차린 아침식사 사진

침식사를 차려주겠다고 하더라고요. 그렇게 생애 처음으로 아이가 차린 아침상을 받았습니다. 예쁜 접시와 쟁반에 꽃으로 장식을 하고 자기가 먹어본 음식 중 가장 맛있다고 느낀 과자를 예쁘게 하트 모양으로 장식해서 가져왔습니다. 사실 과자가 끼니가 될 수는 없지만 음식의 종류가 중요한 것은 아니었어요.

기특하고 감사한 마음을 적절히 표현하자 아이들은 시키지 않아도 척척 뒷정리까

자녀가 엄마, 아빠를 위해 정성을 다해 차린 아침식사 사진

지 합니다. 가족의 일원으로서 공헌하고, 또 받은 사랑을 되돌려주는 이러한 경험

은 자녀의 성장에 매우 의미 있는 과정이라 할 수 있습니다.

5장

행복한 삶 완성하기

스스로 무언가를 해내려는 아이를
절대 돕지 말아라.

_마리아 몬테소리

 ✦ 여는 글

    "당신의 오늘은 행복합니까?" 누가 이렇게 질
문한다면 어떻게 대답하시겠어요?

> "행복은 무슨 그런 배부른 소리를 합니까? 그냥 버티는 거죠."
> "네, 행복하죠. 가족 중에 아픈 사람 없으면 그걸로 된 거죠."

    대답은 각양각색입니다. 어쩌면 모두 맞는 답일지 모릅니다. 그
러나 깊이 있는 질문과 답변이 몇 차례 오고가다 보면 많은 사람이
'행복'을 굉장히 모호하고 실체가 없는 개념이라 생각한다는 사실
을 알 수 있습니다. 행복은 삶의 궁극적인 지향점이라 할 만큼 매우

중요한 요소입니다. 그런데 자신이 추구하는 행복의 모습에 대해 깊이 생각할 기회는 생각보다 많지 않습니다. 아이 양육으로 바쁘시겠지만 아이의 미래를 위해서라도 부모 자신의 행복에 대해 돌아봐야 합니다. 부모가 자신의 행복을 추구한다는 것은 결코 배부른 투정이 아닙니다.

아이가 학교에서 배우는 교육과정을 보면 아직도 부모 세대와 동일한 교과목이 많이 보입니다. 인수분해, 이차함수, 다양한 도형의 넓이와 부피를 구하는 것도 예전과 크게 다르지 않습니다. 세계문명의 발상지, 화학 원소기호를 달달 외우는 것도 피할 수 없죠. 아, 다른 것도 있습니다. 요즘에는 '요오드' 대신 '아이오딘', '아밀라아제' 대신 '아밀레이스'라고 말한답니다.

부모 세대에서 경험하지 못한 색다른 교육과정도 생겨났습니다. 대표적인 것이 인권교육, 성교육, 그리고 행복교육입니다. 학교마다 교칙의 차이는 있지만 학생의 인권을 존중하는 차원에서 더 이상 아이의 복장, 화장을 크게 규제하지 않고, 또 성교육의 일환으로 물리적인 피임법도 가르칩니다. 도덕과 창의적 체험활동을 통해 행복이 무엇인지에 대해서도 가르치고요.

부모 세대에는 '행복은 멀리 있는 것이 아니라 가까운 곳에 있다.' 하는 다소 원론적인 이야기를 들었다면 요즘에는 "내가 어떨 때 행복한가?"에 대해 질문합니다. 아이는 그러한 질문에 답변함으로써 생각의 크기를 키웁니다.

행복이란
무엇일까요?

그렇다면 행복은 과연 무엇일까요? 그리고 어떻게 하면 행복해질 수 있을까요? 아이에게 "내가 어떨 때 행복한가?"에 대해 질문해봅시다. 어떤 아이는 "학원 숙제를 다 마치고 TV 볼 때 행복해요."라고 하고 어떤 아이는 "엄마한테 칭찬받을 때 행복해요."라고 하기도 합니다. 때로는 "여행을 떠나기 전에 공항에서 행복하다."라고 구체적으로 표현하기도 합니다.

많은 연구에서 행복과 관련된 요소 간의 상관관계를 밝히기 위해 힘써왔습니다. 이번 장에서는 행복에 영향을 미치는 다양한 요소에 대해 알아보겠습니다.

행복에 도달하기 위해선 무엇이 필요할까요? 돈이 많다면, 나이가 젊다면 행복할까요? 돈의 경우 기초생활이 가능한 일정 수준의 소득 수준까지는 행복과 비례관계라 할 수 있을 정도로 정적 상관을 보입니다. 하지만 그 수준 이상이 되면 돈이 많다고 해서 그만큼 행복도가 높다고 볼 수는 없습니다. 또 나이가 많다고 해서 불행한 것은 아닙니다. 노인이라고 해서 삶의 만족도가 낮고 긍정 감정이 적은 것은 아니기 때문에 젊음 역시 행복과 직접적으로 관련되어 있다고 보기 어렵습니다.

행복이란 무엇일까요? 이 질문에 대한 해답을 찾기 위해 많은 전문가가 행복의 관점에 대해 연구했습니다. 먼저 소개하고자 하는 행복의 관점은 주관적 웰빙입니다. 이 관점에서는 인간이 기본적으로 정적인 감정은 높고 부적인 감정은 낮으며, 삶의 만족도가 높으면 행복하다고 생각했습니다. 물론 주관적 웰빙은 행복에 있어 매우 중요한 요소입니다. 하지만 만족도가 높고 평안한 상태에 있다고 해서 반드시 행복한 것은 아닙니다.

그래서 등장한 것이 심리적 웰빙입니다. 심리적 웰빙은 자기 실현적 관점으로 행복을 바라봅니다. 스스로에 대한 수용, 성장하고 있다는 만족, 삶에 대한 목표, 환경에 대한 통제감, 자율성, 긍정적인 인간관계 등이 개인의 행복에 많은 영향을 미친다는 것입니다. 현대 사회에서는 특히 심리적 웰빙을 중요하게 생각하는 경우가 많은데요. 자기계발을 위해 힘든 일도 마다하지 않고 그 과정에서 행복을 느끼는 사람을 통해 주관적 웰빙만큼 심리적 웰빙도 중요하다는 사실을 알 수 있습니다.

그런데 자기계발로 성공을 이루고 목표를 달성한다고 해서 반드시 행복한 것은 아닙니다. 자신의 성장과 만족뿐만 아니라 사회적 환경과의 상호작용을 통해 타인을 인정하고, 긍정적으로 수용하고, 사회에 기여하고, 사회적으로 통합되는 과정에서 행복감을 느끼는 경우도 있습니다. 이러한 관점을 사회적 웰빙이라고 합니다.

전문가들은 이 3가지 관점을 통합해 행복을 '정신건강(Mental Health)'이라고 설명합니다. 여러분의 행복은 어떤가요? 아이들도 행복에 대해 입장이 모호한 것은 매한가지입니다. 자기가 행복감을 느끼는 순간이 언제인지 모르는 아이가 꽤 많습니다. 특히 수험생 중에는 삶의 만족도가 낮고 부적 감정으로 가득 찬 경우가 많습니다. 성적을 잘 받으면 만족감을 느끼는 아이들도 있지만, 남을 도와주고 사회에 공헌할 때 뿌듯함을 느끼는 아이들도 있습니다. 어디에도 정해진 답은 없습니다.

행복의 관점에는 정답이 없습니다. 어떤 관점을 가져야 성공한다는 공식도 아닙니다. 나의 관점과 자녀의 관점은 일치할 수도 있지만 차이가 날 수도 있습니다. 그래서 자신이 어떤 과정을 통해 만족감과 행복을 느끼는지 파악하는 것은 부모에게도, 아이에게도 매우 중요한 과정입니다. 예를 들어 부모는 목표를 이루고 성취하는 데 행복을 느끼고, 아이는 자율성을 바탕으로 주변 관계가 긍정적일 때 행복을 느낀다면 부모와 자녀는 매순간 갈등을 빚게 됩니다.

내가 추구하는 행복의 관점을 알 수 있는 가장 쉬운 방법은 '자유롭게 연상하기'입니다. 과거의 기억을 되짚어 행복하다고 느낀 순간을 떠올려봅시다. 명확하게 떠오르지 않는다면 아주 어린 시절부터 시작해봅니다. 행복하다고 느낀 상황, 그때의 내 모습을 머릿속에 묘사해보세요. 기억이 흐릿할지도 모릅니다. 그래도 괜찮습니다. 행복에 대해 깊이 생각하는 것 자체가 익숙하지 않은 과정이니까요. 자유로운 생각의 흐름 속에서 타인의 행복도 떠올려봅시다.

어릴 적에 부모님께서 차에 무거운 고구마를 가득 싣고 일일이 지인들의 집까지 찾아가 배달한 기억이 있습니다. 지금처럼 택배, 퀵이 일반적이지 않던 먼 옛날의 일입니다. 친척이 어렵게 농사 지은 고구마였는데, 부모님께서는 그 많은 고구마 박스를 충청도에서부터 힘들게 가져와 일일이 지인들에게 전달하셨습니다. 고구마 값은 판매자인 친척에게 직접 이체하는 구조였죠. 지금으로 치면 수수료 없이 산지 직송 판매를 대행한 것입니다.

이렇게 비효율적이고 품이 드는 일을 왜 하는지 정말 이해가 되지 않았습니다. 무거운 고구마를 들다가 허리를 다치는 날에는 더욱 그랬죠. "엄마, 이거 왜 하는 거야?"라는 짜증 섞인 질문에 부모님은 이렇게 말씀하셨습니다.

"시골에서 농사 지은 고구마인데 팔리지 않으면 그냥 밭에 묻고 썩는다잖아. 도우면 다 쌓여서 복이 되어 돌아올 거야. 그 복이 부모에게 오지 않으면 자식에게게라도 가게 되어 있어."

그때는 부모님의 말을 이해할 수 없었는데 저도 자식을 낳고 키우다 보니 이제 조금은 이해가 됩니다. 아마도 부모님은 어려운 친척을 도우면서 만족감을 느끼셨겠죠. 또 지인들에게 맛있는 고구마를 저렴하게 제공하면서 듣는 "그 집에서 산 고구마 정말 맛있더라. 고맙다." 하는 말이 부모님을 움직이게 한 힘의 원천이 아니었을까요?

그때는 이해하기 어려웠지만 사회적 웰빙의 개념을 이해하고 나서부터는 비로소 그 마음을 깨닫게 되었습니다. 아이가 머리로 이해하고 가슴으로 느끼며 내면화되는 가치들은 부모의 행동과 말로부터 큰 영향을 받습니다. 행복의 모습은 각기 다를지라도 부모 자신이 추구하는 행복과 자녀가 추구하는 행복을 자유롭게 떠올리는 과정을 통해 서로를 존중하고, 보다 열린 마음으로 욕구를 수용할 수 있습니다.

세상과 통하는
부모와의 의사소통

많은 전문가가 육아에서 부모의 양육 태도가 중요하다고 강조합니다. 부모의 양육 태도는 아이의 행복뿐만 아니라 삶의 전반적인 부분에 직접적인 영향을 미치기 때문에 그 중요성에 대해서는 의심의 여지가 없겠죠. 하지만 양육 태도는 원가족과의 관계나 자신의 기질적 특성, 직업적 환경에 따라 달라질 수 있습니다. 알아차리거나 수정하기가 쉽지 않습니다. 그러한 이유로 가정에서 드러나는 의사소통 방식을 통해 부모의 양육 태도를 점검할 필요가 있습니다.

자녀와 부모가 함께 행복하기 위해서는 가정 내 상호작용이 무엇보다 중요합니다. 가정은 가장 작은 단위의 사회라고 할 수 있습

니다. 가정에서 이뤄지는 자녀와 부모의 의사소통은 훗날 자녀가
사회에 진출해서 관계를 형성할 때 활용하는 의사소통 방식에도
중대한 영향을 미칩니다.

데이비드 리치(David Ritchie) 교수는 이와 관련된 연구에서 가
족 의사소통을 크게 '대화지향적 의사소통'과 '순응지향적 의사소
통'으로 구분해 설명합니다. 대화지향적 의사소통은 가족 구성원
의 의견을 반영해 합의에 도달하는 방식으로 공개적이면서 지지적
인 특성을 보입니다. 이에 반해 순응지향적 의사소통은 부모의 의
견에 자녀가 합의할 것을 요구하는 방식으로 부모의 권위를 바탕
으로 한 통제적인 특성을 갖고 있습니다.

물론 2가지 가족 의사소통 방식을 이분법적으로 구분해 순응지
향적 의사소통은 아이를 불행하게 하고, 대화지향적 의사소통은
아이를 행복하게 한다고 확신하기는 어렵습니다. 그러나 개방적이
고 참여적인 소통이 가능한 환경에서 자란 아이가 행복하다는 사
실이 여러 연구에서 확인된 바 있습니다.

예전에 직장 상사가 이런 말을 한 적이 있습니다.

"진짜 유능한 직원은 '입 안의 혀'처럼 처신하는 사람이야!"

사람은 입안의 혀가 불편하게 느껴지지 않습니다. 음식물이 들어오면 깊이 고민하지 않아도 혀가 알아서 이리저리 움직이면서 저작운동을 돕죠. 혀의 움직임을 하나하나 인지하고 지령을 내리는 경우는 아마 없을 것입니다. 에둘러서 말해도 척하면 척단박에 알아듣고 준비해두는 직원이 진짜 유능한 직원이란 의미입니다.

상사가 "아, 오늘 날씨 정말 덥지?"라고 말하면 어떻게 대응하겠습니까? "정말 그렇네요. 6월에 벌써 이렇게 덥다니." 하고 넘겼다면 입 안의 혀라 할 수 없습니다. 상사의 기준에서 입 안의 혀처럼 처신하는 유능한 직원이라면 아이스 아메리카노부터 책상에 슬며시 올려놓겠죠. 사실 지금도 저에게 이 부분은 알쏭달쏭한 수수께끼 같습니다. 우리가 보통 이야기하는 '센스'의 영역을 넘어선 것 같다는 느낌도 들고요.

이러한 의사소통에 어려움을 느끼는 이유는 표면적인 메시지

아래 숨겨진 의미를 알아차려야 하기 때문입니다. 만일 직장 상사가 아닌 부모가 이러한 이면에 의미가 숨겨져 있는 메시지를 지속적으로 보낸다면 어떻게 될까요? 이러한 방식의 의사소통을 정신의학자 에릭 번(Eric Berne)의 교류분석이론에서는 '이면교류'라 말합니다.

에릭 번의 3가지 의사소통 유형

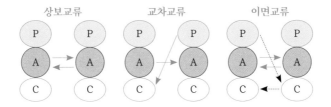

에릭 번은 의사소통 유형을 '상보교류(Complementary Transaction)' '교차교류(Crossed Transaction)' '이면교류(Ulterior Transaction)' 3가지로 구분해 설명합니다. 교류분석이론에서는 부모자아(P), 어른자아(A), 어린이자아(C)가 균형을 이뤄 의사소통을 진행할 경우 갈등이 감소한다고 말합니다. 부모자아는 부모의 영향을 받아 성장기부터 내면화된 모습이며, 어린이자아는 어린 시절에 느끼고 생활화된 개념이라고 볼 수 있습니다. 어른자아는 부모자아와 어린이자아를 바탕으로

형성된 모습을 뜻합니다.

상보교류는 어른자아와 어른자아 사이에 이뤄지는 의사소통으로 가장 이상적인 소통이라고 할 수 있습니다. 메시지를 보내는 사람과 받는 사람이 모두 성숙한 자아이기 때문입니다.

교차교류는 메시지를 보내는 것과 받는 사람이 각각 다른 자아이기 때문에 말하는 입장에서는 상대가 의도와 다르게 반응한다고 보일 수 있습니다. 학교에서 무슨 일 있었냐고 묻는 엄마의 질문에 아이가 "몰라요."라고 대응한다면 엄마 입장에서는 무척 당황스럽습니다.

메시지를 보내는 엄마는 표면적으로는 그냥 아이에게 무슨 일이 있었냐고 물었을 뿐입니다. 그런데 사실 어떤 일이 있다는 것을 알면서 아이의 반응을 살피고자 떠본 것이라면 이면교류에 해당합니다. 마치 "아, 오늘 날씨 정말 덥지?"라는 직장 상사의 말에 '더우니까 아이스 아메리카노를 마시고 싶다.' 하는 메시지가 숨겨진 것과 같습니다.

아이와의 소통에 있어서 가장 핵심적인 부분은 이면교류를 지양해야 한다는 것입니다. 이면교류는 아이와 부모를 점차 멀어지게 합니다. 끊임없이 이면에 숨겨진 메시지를 담아 이야기하는 직장 상사와 "날씨 너무 덥다. 시원한 커피 한 잔 어때?"라고 대놓고 제안하는 직장 상사가 있다면 누구와 일하고 싶으신가요?

대화지향적 의사소통을 나누기 위해서는 부모가 보내는 메시지를 아이가 있는 그대로 믿을 수 있도록 표현의 안전성이 보장될 필요가 있습니다. 부모가 괜찮다고 하면 진짜 괜찮다고 믿을 수 있어야 부모-자녀 관계도 개선이 가능합니다. 숨은 의도를 살피는 게임과 같은 의사소통은 피하는 것이 좋습니다.

실전 연습

아이와의 의사소통은 구체적으로 어떻게 이뤄지는 것이 좋을까요? 아이의 의견을 물어보는 것, 민주적으로 의사를 결정하는 것은 매우 좋은 시도입니다. 하지만 여기서 종종 실수하는 부분이 일방적으로 묻기만 한다는 것입니다. 의견 수렴이 될 수 없는 상황에서 무언가를 묻는다는 건 아이 입장에선 소위 '답정너(답은 정해져 있으니 너는 답만 해)'와 같습니다.

만약 "오늘 저녁으로 뭘 먹고 싶니?"라고 묻고 싶다면 아이의 말을 들어줄 수 있는 상황에서 해야 합니다. 저녁 먹기 1시간 전에 이런 질문을 하면 김치찌개, 달걀말이 정도는 가능하겠지만 갈비나 잡채는 어렵겠죠. 아이가 무슨 답을 내놓든 충분히 준비가 가능한 상황에서 질문할 필요가 있습니다.

아이가 아직 어리다면 자신의 생각을 논리적으로 표현하기 어려울 수 있습니다. 아이가 논리적으로 답하지 못한다고 해서 그 의견을 무시해선 안 됩니다. 만일 부모가 질문만 하고 의견을 받아들이지 않는 경험이 반복되면 아이는 결국 "몰라."라는 말만 반복할 것입니다. 마음속으로 '어차피 자기 마음대로 할 거면서.' 하고 생각하겠죠.

자신의 감정을 알아차리고 생각을 표현하는 과정은 아이의 성장에 있어 무척 중요한 일입니다. 아이에게 자신의 생각을 표현할 수 있는 기회와 자유를 주세요.

어느 날 아이가 수저통에 급식에서 나온 반찬을 넣어 오기 시작했습니다. 그 이유를 묻자 엄마가 좋아하는 반찬이 나와서 가져왔다는 것입니다. 처음에는 아이가 학교에서 밥을 먹는 순간에도 엄마를 생각했다는 생각에 기뻐 기특하다고 칭찬했습니다. 칭찬을 받은 아기고래는 본격적으로 춤을 추기 시작했고, 급식시간에 받은 음식을 먹지도 않고 아껴서 싸오는 일까지 벌어집니다. 아이를 혼내거나 제지하면 좌절할지 모른다는 생각에 고민이 깊어졌습니다. 결국 고민 끝에 이렇게 말합니다.

"학교에서 밥 먹으면서 엄마 생각해줘서 무척 고마워. 그런데 급식에서 받은 음식은 밖으로 가져가지 않도록 되어 있어. 앞으로는 집으로 가져오지 말아줘. 그 대신에 엄마가 좋아하는 반찬이 나오면 집에 와서 맛이 어땠는지 알려줘. 그럼 엄마는 먹은 것처럼 충분히 행복하고 고마울 거야. 정말 고마워."

다행히 감사를 표하자 아이는 그 이후로 반찬을 담아오지 않았습니다. 그리고 급식으로 엄마가 좋아하는 오징어튀김이 나오면 집에 와서 기쁘게 그 맛에 대해 설명했습니다.

혹자는 무분별한 칭찬은 자녀를 망치는 일이라고 말합니다. 물론 칭찬은 중요합니다. 그런데 아이가 조금만 자라도 칭찬은 그 위력이 반감됩니다. 무엇보다 칭찬은 수직적인 관계를 전제로 합니다. 부모와 아이의 의사소통은 이러한 방식과 달라야 합니다. 요즘에는 연차와 직급으로 수직적 구조를 갖춘 기업도 수평적인 소통 문화를 강화하기 위해 직책이나 직급 대신 이름, 이니셜, 별명으로 서로를 부르곤 합니다. 상황이 이런데 사회의 기초가 되는 가정에서 수직적인 관계를 고수한다면 의사소통 양식에도 부정적인 영향을 미칠 수 있어요.

아이가 무언가 잘한 일이 있다면 "잘했다."라는 칭찬보다는 "~해서 고맙다."라고 감사를 표해보세요. 감사와 격려도 칭찬만큼 고래를 춤추게 합니다.

행복을 위한
자기조절능력

전문가들은 아이에게 자유를 허용하되 경계를 설정하고 그 안에서 규칙을 세우고 지켜야 한다고 말합니다. 저역시 상담 현장에서 만나는 엄마들에게 비슷한 조언을 합니다. 하지만 이를 실천하는 것이 생각보다 쉽지 않습니다. 유아기 때는 대화와 타협으로 규칙을 세우고 실천하는 게 쉽지 않기 때문입니다. 그래서 아직 아이가 어리다면 부모가 단호하게 규칙을 고수할 필요가 있습니다. 위험한 물건을 만지는 것을 금기시하는 이유를 논리적으로 설득하고 이해시킬 필요가 없는 것처럼 말이죠. 유아기때 이러한 규율 없이 지낸다면 청소년기에 어려움을 맞이할 수 있습니다. 유아기 때 규칙을 지켜본 경험이 없는 아이는 자라서 쉽게 자제력을 잃고 맙니다.

자기조절능력은 성인이 된다고 어느 날 갑자기 생기는 능력이 아닙니다. 어린 시절부터 여러 성공 경험을 통해 체득해야 합니다. 예를 들어 아이에게 TV는 주말에만 보자고 말하려면 부모 역시 평일에는 TV를 단 한 번도 켜지 말아야 합니다. TV를 절대적으로 사용하지 말라는 것은 아닙니다. 단지 정해진 약속과 규칙에 따라 사용할 수 있도록 규율을 세워야 한다는 것입니다. 어린 나이일수록 예외적인 상황을 이해하지 못하고 억지를 부릴 수 있으니 부모가 먼저 모범을 보일 필요가 있습니다. 그 여정이 말처럼 쉽지는 않을 것입니다.

TV를 비롯한 미디어 매체는 아이가 필요에 따라 사용하는 대상이 되어야 합니다. 이를 위해 부모는 자녀가 스스로 조절할 수 있을 때까지 매체 사용에 관심을 가져야 합니다. 특히 시청 연령을 명확하게 규제할 수 없는 다양한 인터넷 콘텐츠의 경우 반드시 부모가 먼저 살펴보고 통제해야 합니다. 아이가 혼자 부모의 계정으로 접속하는 일은 없도록 해야 합니다. 부모 또한 자신의 휴대전화, 컴퓨터 사용 패턴을 점검해야 합니다. 부모가 스스로 욕구를 조절하는 모습을 보여야 아이가 관찰하고 학습하게 되니 더욱 주의가 필요합니다.

자기조절능력은 유아기 때부터 단계별로 습득해야 합니다. 특히 청소년기에는 부모가 직접적으로 규제하거나 관여할 수 없는 부분이 많기 때문에 어린 시절부터 훈련할 필요가 있습니다. 성장 단계에 따라 욕구가 좌절되는 경험과 만족하는 경험을 통해 자기조절능력을 체득합니다.

청소년기에는 수많은 유혹에 노출되기 쉽습니다. 이 시기에 자기조절능력이 부재하다면 큰 고난을 겪게 됩니다. 훗날의 만족을 위해서 순간의 쾌락을 포기하고, 현재의 편안함에 머무르지 않고 자신의 신념에 맞게 욕구를 조절하는 아이는 달콤한 성취의 열매를 맺을 것입니다.

부모를 위한 심리 가이드

자기조절능력이란 무엇일까요? 외부 환경과 상황과 무관하게 스스로 자신의 행동, 사고, 감정을 다루고 적절한 방식으로 표현하고 책임지는 능력이라 할 수 있습니다. 무조건적으로 참아내는 '억제'와는 다른 의미이기도 합니다. 당장 눈앞에 보이는 이익이 아닌 장기적인 목표를 위해 즉각적인 만족을 지연시키는 능력, 즉 자신의 행동을 통제할 수 있는 능력이라 할 수 있죠.

이러한 능력이 행복과 어떠한 연관이 있는지 의문이 들기도 합니다. 때때로 욕구를 통제하지 않고 하고 싶은 대로 사는 사람을 행복하다고 생각하니까요. 하지만 다양한 연구에서 확인된 바에 따르면 자기조절능력은 행복에 영향을 미치는 중요한 요인에 해당합니다. 텔아비브대학교의 지오라 케이난(Giora Keinan) 교수는 스트레스를 견디고 다루는 데 자기조절능력이 중요한 역할을 하며, 개인의 삶 전반에 걸쳐 행복과 정적상관을 보인다고 발표했습니다.

자기조절능력은 영아기부터 단계적으로 발달합니다. 출생 초기에는 환경에 대한 신체 반사를 통해 경험합니다. 만3세 무렵이 되면 자신이 행동을 지배하고 다양한 상황에 적용함으로써 자기조절능력을 획득합니다. 단계별로 아이의 자기조절능력이 발달할 수 있도록 부모의 도움이 반드시 필요합니다. 자기를 조절할 수 있다고 인식하는 과정에서 아이는 효능감을 느끼고, 더 나아가 긍정적인 자아상을 형성하므로 아이의 성장 과정에서 매우 중요한 요소라 할 수 있습니다.

요즘 아이들은 부모 세대 때보다 더 많은 자극과 유혹에 노출되어 있습니다. 지극히 사적인 영역, 부모가 통제하기 어려운 손바닥만 한 휴대전화에서 정말 많은 일이 일어나고 있습니다. 게임이든, SNS든, 채팅 애플리케이션이든 부모가 일일이 통제할 수 없는 영역이 많습니다. 아이의 삶의 질을 위해서라도 자기조절능력은 매우 중요합니다.

실전 연습

자기조절능력을 키우기 위해 어떠한 노력이 필요할까요? 양육에 있어서 중요한 것은 자연논리적 결과에 따른 방향성을 갖추고 유지하는 일입니다. 자연논리적 결과란 누구나 납득할 수 있는 논리적인 인과관계에서 나온 결과를 의미합니다. 예를 들어 밥을 먹지 않으면 배가 고프고, 늦잠을 자면 아침에 피곤하고, 공부를 열심히 하지 않으면 시험 결과가 나쁠 수 있다는 것은 자연스러운 원인과 결과의 관계에 해당합니다.

누구에게나 똑같이 주어지는 24시간 중 잠자는 시간, 학교 가는 시간을 제외한 여가시간을 아이가 직접 관리할 수 있게 지도해주세요. 여가시간의 상당 부분을 휴대전화, TV를 보는 데 사용하면 잠자는 시간, 밥 먹는 시간 등 삶을 영위하는 데 쓰이는 기본적인 시간이 줄어듭니다. 아이가 이를 직접 체험하고 교훈을 얻을 필요가 있습니다. 시간을 관리하는 습관은 학습습관뿐만 아니라 자신의 삶을 설계하고 미래의 성과를 위해 눈앞의 달콤한 유혹을 떨쳐낼 수 있는 능력, 즉 자기조절능력을 형성하는 토대가 될 것입니다.

아이가 교육기관에 들어가 단체생활을 시작하면 모든 것을 자기가 하고 싶은 대로 할 수 없다는 사실을 깨닫게 됩니다. 이 시기 전후로 가정에서 만족지연 훈련을 병행해야 합니다. 만족지연은 물건을 구매하는 과정에서 연습해볼 수 있습니다. 예를 들어 아이와 공연을 관람하면 부모에게는 고민이 한 가지 생깁니다. 공연장에 있는 기념품 가게 때문입니다. 저렴한 곳도 있지만 오프라인 매장이다 보니 온라인 매장보다 비싼 경우가 많습니다.

아이가 어떤 물건을 사고 싶다고 재촉하면 부모는 보통 인터넷 쇼핑몰에 검색해 가격을 비교해봅니다. 더 싼 가격에 같은 물건을 팔고 있으니 며칠만 기다리면 물건을 받을 수 있다고 설득한다면 아이는 만족지연을 경험할 수 없습니다. 지금 당장 갖고 싶은 욕구를 조절한 후에 얻는 보상이 없기 때문입니다. 이때 인터넷 쇼핑몰에서 같은 가격에 무려 '1+1' 행사를 하고 있어서 "이틀만 기다리면 2개를 얻을 수 있어."라고 하면 아이는 고민하게 될 것입니다. 얼마나 경제적인 선택입니까? 하지만 아이 입장에서는 그렇지 않습니다. 지금 당장 갖고 싶고, 가지고 놀고 싶기 때문입니다. 아이에게 지금 당장 이 물건을 사면 1개만 얻을 수 있다고 이야기합니다. 그리고 직접 선택할 수 있는 기회를 줍니다(1+1 행사를 하지 않더라도 만족지연 훈련을 위한 것이니 보상 조건은 상황에 맞게 부모가 조율합니다).

만일 아이가 기다리는 것을 선택했다면 택배를 받는 날 아이를 격려해주고 함께 기뻐해주세요. 당장의 이익을 취하기보다 상황과 조건을 고려해 더 나은 결과를 위해 인내했기 때문입니다. 이 과정에서 아이는 효능감을 경험합니다.

이처럼 일상의 소소한 경험으로도 충분히 자기조절능력을 키울 수 있습니다. 만족지연을 경험하면 이를 바탕으로 자신의 인지, 행동, 더 나아가 감정까지 조절하면서 점차 자기조절능력의 발달을 이루게 됩니다. 아이가 스스로 절제하고 조절하는 모습을 보일 때마다 격려한다면 자기조절능력 함양에 큰 도움이 될 것입니다.

도덕성과 행복의
상관관계

과연 도덕적인 아이가 행복할까요? 꽉 막힌 규율대로 산다면 오히려 스트레스가 높지 않을까요? 혹자는 도덕성이 행복한 삶과는 거리가 멀다고 이야기합니다. 하지만 여러 연구에서 도덕성이 높은 사람일수록 삶의 만족도, 행복감이 높은 것으로 나타났습니다. 공교육에서 도덕성을 강조하고 지식 전달에 치우친 교육에서 탈피한 전인교육을 강조하는 배경입니다. 그런데 학교에서 배운 것을 진리처럼 따르는 초등학교 저학년 시기가 지나면, 차츰 규율을 어기는 아이가 등장하기 시작합니다. 자신만의 기준에 따라 규율과 규칙의 선을 넘나들기도 합니다. 이 시기에는 부모의 역할이 특히 중요합니다. 만일 기본적인 규칙을 편의에 따라 넘나드는 모습을 부모를 통해 학습한 것이라면, 언젠가는 부모-자녀 사이에 지켜져야 하는 선마저 침범할지 모릅니다.

초등학교 2학년이 된 아이가 100점을 받은 받아쓰기 시험지를 어두운 표정으로 보여줍니다. '100점을 맞고도 만족을 못하는 것인가?' 하고 생각하는데 아이가 조심스럽게 말합니다. "엄마, 선생님이 채점을 잘못하신 것 같아." 그제야 엄마는 아이의 마음을 알아차립니다. 100점짜리 시험지를 다시 가져가서 90점으로 바꿔야 하는 그 상황에서, 아이는 9년 인생에서 가장 큰 내적 갈등을 경험합니다. 이때 고민하는 아이에게 용기를 줄 수 있는 것은 부모입니다. "에이, 이왕 100점 맞은 거니까 그냥 넘어가도 괜찮아."라고 말하는 부모도 있겠죠. 그러나 여기서 중요한 건 100점이 아니라는 사실을 알고 있는 아이 자신의 마음입니다.

아이가 자신을 거짓말쟁이로 인식하면 씻기 어려운 죄책감으로 자아상이 흔들릴 수도 있기 때문에 쉽게 넘길 일이 아닙니다. 부끄러운 100점보다는 당당한 90점이 훨씬 값지다고, 그렇게 솔직하게 말한 것만으로도 이미 만점이라고 격려해야 합니다. 엄마의 조언대로 다음 날 담임선생님을 찾아간 아이는 용기 있는 행동이라며 많은 칭찬을 받고 옵니다. 아이의 도덕성은 쑥쑥 자라고 자아상은 견고해집니다.

어린 시절 자연스럽게 습득한 도덕성은 아이의 삶 전반에 많은 영향을 미칩니다. 그런 환경에 노출되어선 안 되겠지만 먼 훗날 뉴스에 나올 법한 불법적인, 탈선적인 유혹이 아이의 마음을 흔들지 모릅니다. 이때 도덕성이 견고한 아이는 흔들리지 않고 유혹을 뿌리칩니다. 옆에서 잘못을 바로 잡아줄 부모가 있는 상황이라면 괜찮을지 몰라도, 자기 스스로 판단하고 행동하는 연령이 되면 도덕성은 더더욱 중요해집니다.

부모를 위한 심리 가이드

EBS와 서울대학교의 공동 연구를 살펴보면 도덕성의 기능과 그 중요성을 확인할 수 있습니다. 아이들을 도덕성이 높은 집단(상위 30%)과 낮은 집단(하위 30%)으로 구분해 그들이 보여주는 삶의 태도, 대인관계와 자아상에 미치는 영향을 분석한 결과, 도덕성이 높은 그룹은 집중력과 학습능력, 또래관계에서 탁월한 모습을 보였습니다. 도덕성이 높은 집단은 지켜보는 사람이 없어도 게임의 규칙을 준수하고 게임의 승부, 결과에 집중하기보다는 과정에 집중하는 모습을 보였습니다. 또한 도덕성이 높을수록 집중력, 또래 문제, 과잉행동 문제, 공격성에서도 바람직한 지표를 보였습니다.

실전 연습

그렇다면 우리 아이의 도덕성을 높이기 위해 어떻게 해야 할까요? 앞서 관찰학습을 설명할 때 보보인형 실험에 대해서 알아봤습니다. 인형을 때리는 모습을 본 아이들은 폭력적인 행동이 강화되는 모습을 보였습니다. 아이에게 있어 가장 매력적인 관찰의 대상은 아무래도 부모라고 할 수 있습니다. 이와 더불어 주변에 함께 하는 친구나 다양한 환경의 영향을 받아 도덕성이 발달합니다.

35년 전 독일에 방문한 경험이 있습니다. 무척 어린 나이였지만 당시의 기억이 삶에 큰 영향을 미쳤습니다. 가장 인상 깊었던 것은 어디서든 누가 말하지 않아도 줄을 서는 모습이었습니다. 현재는 우리나라도 이런 문화가 일반화되어 암묵적인 공중도덕이 되었지만 당시에는 새치기를 하거나 서로 밀고 당기는 모습이 일상이었죠. 더 놀라웠던 건 건물에 들어갈 때 앞사람이 뒷사람을 위해 문을 잡아주고 기다려주는 모습이었습니다. 아이들에게 이런 소소한 에티켓을 일일이 말로 설명하고 가르치는 것은 어려운 일입니다. 도덕성과 에티켓은 다른 사람이 매너 있게 행동하는 모습, 그리고 타인의 배려를 경험함으로써 자연스럽게 터득하게 됩니다.

아이를 키우다 보면 아이가 먹다 남긴 간식, 오물을 닦은 휴지 등 여러 쓰레기가 발생합니다. 집이라면 쉽게 처리할 수 있지만 밖에서는 손에 들고 있기도, 어디에 두기도 애매합니다. 간혹 어떤 부모는 쓰레기를 길거리에 투기하기도 하는데요. 아주 작은 일이지만 이러한 행동 하나하나를 아이가 곁에서 지켜보고 있습니다.

프로이트의 이론에 따르면 아이의 도덕성은 남근기(3-5세) 때 부모와의 관계를 통해 내면화가 이뤄지며 발달합니다. 원초아, 즉 하고자 하는 욕구대로 행동하면 발생할 수 있는 결과를 아이가 이해하도록 부모가 모범을 보여야 합니다. 하지만 지나치게 도덕적인 규율에 억눌려 생활하면 강박적 행동이 나타날 수 있으니 아이가 혼자 처리하기 어려운 상황에서는 부모가 도움을 주는 것이 좋습니다.

본능에 충실한 원초아, 도덕적 잣대로 규제하는 초자아 사이에서 균형을 이룰 수 있는 건강한 자아가 형성되어야 심리적으로 건강하다고 할 수 있습니다. 현실적으로 수용할 수 있는 범위 내에서 자유를 누리며 규칙을 지킨다면 아이는 도덕성을 내면화할 것입니다.

행복을 위한
지혜로운 삶의 자세

        어떤 아이로 키우고 싶으신가요? 그리고 어떤 부모가 되고 싶으신가요? 이 책을 시작하면서 나눈 질문입니다. 이제 그 해답이 조금은 보이시나요?

    아이가 뱃속에 있던 시절, 우리는 아이가 건강하기만을 바랐습니다. 우리의 바람대로 건강하게 태어난 아이가 조금씩 힘이 생겨 몸을 뒤집고 일으켜 걷기 시작합니다. 동화책을 좋아하고 어느 순간 한글도 척척 읽습니다. 가르치지 않은 단어도 알아서 읽고 말합니다. 어쩌면 영재일지도 모르겠다는 기대가 샘솟습니다. 아이가 어린이집에 갑니다. 친구와 잘 지내고, 춤도 잘 추고, 어디서 배웠는지 영어로 재잘재잘 떠들기도 합니다.

그러다 다른 학부모와 연락처를 교환하고 종종 만나면서 걱정이 싹트기 시작합니다. 옆 동에 사는 누구는 벌써 수학 학습지를 시작했고, 뒷집에 사는 누구는 구구단을 외운답니다. 덜컥, 내 아이가 뒤처지는 건 아닌지 불안한 마음이 생깁니다. 초등학교에 입학하면 자리 배치를 위해 키 순서대로 줄을 세웁니다. 오늘따라 아이가 구부정하게 서 있는 것 같아 속상합니다. 내 자식보다 키 큰 아이들이 수두룩합니다. 이전에는 경험해보지 못한 뜨거운 기운이 배꼽에서부터 올라옵니다. 집 가는 길에 '키 크는 식재료'를 검색해 주문합니다.

중학교에 가고 고등학교에 가니 아이 얼굴 볼 시간이 별로 없습니다. 아니, 집에 있어도 고개를 푹 숙이고 휴대전화만 보고 있습니다. 유일하게 마주보는 자리는 밥 먹을 때뿐입니다. 밥을 먹으면서 대화를 나누는데 점차 언성이 높아집니다. 아이가 짜증을 내며 일찍 숟가락을 내려놓습니다. 그래도 중학교 때는 소리도 지르고 짜증도 내며 속마음을 표현했는데, 고등학생이 되자 도통 입을 떼지 않습니다.

아이가 성장하면서 자연스럽게 자녀에게 기대하는 부분도 조금씩 달라집니다. 처음에는 건강하게만 자랐으면 좋겠다고 생각합니다. 그러다 남들보다 빨리 걷고 말도 잘하고 키도 컸으면 좋겠다고 생각합니다. 학교에 가면 주도적으로 나서서 학급 임원도 하고 성적도 잘 나오면 좋겠다고 생각합니다. 고등학생이 되면 좋은 대학에 들어가기를, 대학생이 되면 좋은 회사에 취직하기를, 취직하면 결혼하기를 바랍니다.

이런 부모의 바람은 자식이 잘되었으면 하는 마음에서 비롯된 것입니다. 자녀가 사회적으로 성공하고 경제적으로 여유롭게 살기를 바라는 좋은 마음에서 부모는 여러 가지를 요구합니다. 인생을 하루라도 더 살아본 부모 입장에서는 성공에 필요한 조건이 뻔히 보이고, 조금만 노력하면 될 텐데 나태하게 누워 있는 아이를 볼 때마다 속이 답답합니다.

부모와 자녀의 이상적인 목표와 그것을 달성하기 위한 방법은 제각각일 수 있지만 궁극적인 뿌리는 하나입니다. 우리가 지향하는 도달점은 바로 '행복'이니까요. 표면적으로 드러나는 목표는 다를 수 있지만 부모가 바라는 것도 결국 자녀의 행복입니다.

행복한 삶을 위해 우리 아이에게 필요한 것은 무엇일까요? 다시 처음의 질문으로 돌아가 봅시다. 어떤 아이로 키우고 싶으신가요?

1. 원하는 것을 얻기 위해 주장을 굽히지 않는 아이 vs. 공감의 자세로 상대를 수용하는 아이

2. 실패 없이 탄탄대로를 걷는 아이 vs. 실패하더라도 실패에서 교훈을 얻어 재기할 수 있는 아이

3. 다방면에서 누구보다 앞서가며 성과를 내는 아이 vs. 자기가 진정으로 원하는 분야에서 달인이 되는 것을 목표로 하는 아이

4. 누구에게도 피해주지 않고 실수하지 않는 아이 vs. 실수를 하더라도 잘못
   을 인정하고 사과할 용기를 가진 아이

그리고 어떤 부모가 되고 싶으신가요?

1. 옳고 그름을 판결하는 부모 vs. 어떤 비밀을 털어놓아도 내 편을 들어줄
   것 같은 부모
2. 넘어진 아이를 일으켜 세워주는 부모 vs. 아이가 넘어지면 함께 털썩 앉아
   서 기다려줄 수 있는 부모
3. 결과만 보는 부모 vs. 과정의 노력도 함께 보는 부모
4. 권위로 자신을 세우는 부모 vs. 감사함, 미안함을 부끄럼 없이 표현할 수
   있는 부모

공감한다는 것은 어떠한 생각이나 감정을 자신의 것처럼 느끼는
것이라 합니다. 상대의 감정에 전적으로 동의하거나 가치를 판단
해 평가하는 것이 아닌, 상대가 처한 상황을 알고 기분을 함께 느끼
는 것에 가깝습니다.

상대의 반응에 예민하게 반응하는 사회적 민감성이 높은 아이라
면 공감능력도 높을 수 있습니다. 다만 기질적인 측면도 중요하지만
가정에서 부모가 자녀의 말에 얼마만큼 공감하고 경청하느냐에 따
라 아이의 공감능력 역시 크게 달라질 수 있습니다. 무조건적으로

아이의 말에 공감하고 경청하는 것은 그리 쉬운 일은 아닙니다. 실제로 아이가 늘어놓는 푸념에 고장 난 기계처럼 반응하거나, 자꾸만 옳고 그름을 따지는 부모가 많습니다. 부모는 좋은 뜻에서 충고한 것이지만 그런 대화를 이어가면 아이는 점차 입을 닫게 됩니다.

직장에서 속상했던 일을 배우자에게 이야기했을 때, 배우자가 직장 상사의 편을 들거나 "너만 힘든 줄 알아? 난 오늘 더한 일도 있었어."라고 말한다면 어떤 기분이 들까요? 아이 역시 크게 다르지 않습니다. 공감능력이 뛰어난 아이로 키우고 싶다면 아이의 말에 경청하고 공감해주세요. 조금씩 변화가 일어날 것입니다.

공감이 어려운 또 다른 이유는 '감정' 때문입니다. 일반적으로 사고와 인지의 영역은 합리적이고 이성적이라는 생각이 드는 데 반해, 감정의 영역은 비합리적이고 비이성적이라는 느낌이 듭니다. 예를 들어 친구가 "너 오늘 왜 이렇게 감정적으로 나오니?"라고 말했다면 여기서 '감정적'이라는 말은 결코 긍정적이지 않습니다. 그래서인지 우리는 무의식중에 감정을 드러내지 않는 것을 성숙하다고 느끼기도 합니다.

한번 스스로에게 질문을 던져봅시다. '나는 나의 감정을 잘 알아차리고 안전하게 표현하고 있는가?' 많은 분이 처음에는 어느 정도 감정표현을 한다고 답합니다. 꾹꾹 참았다가 폭발하는 것은 긍정적인 감정표현이라 할 수 없습니다. 편안한 관계라면 때때로 폭발적인 부적 감정을 표출할 수 있지만, 친하지 않은 관계에서는 감

감정단어 예시

유쾌한 (긍정적인) 느낌			불쾌한 (부정적인) 느낌		
감동적인	짜릿한	설레는	걱정되는	안타까운	당황스러운
감사한	사랑하는	흐뭇한	의기소침한	겁나는	불안한
자랑스러운	고마운	충만한	난처한	창피한	슬픈
가슴 벅찬	기대되는	기쁜	외로운	허무한	혼란스러운
기운 나는	홀가분한	편안한	무기력한	피곤한	지친
즐거운	재미있는	상쾌한	놀란	초조한	우울한
흥미로운	반가운	활기찬	서운한	실망스러운	괴로운
뿌듯한	열정적인	만족스러운	지루한	서글픈	부끄러운
설레는	행복한	신나는	쓸쓸한	울적한	막막한
들뜬	당당한	평온한	절망스러운	허탈한	억울한
평화로운	친근한	안심되는	약 오르는	비참한	격분한

정 자체를 억누르는 경우가 많습니다. 감정표현을 억누르다 한계에 도달하면 많은 경우 분노를 유발한 대상이 아닌 의미 있는 타인에게 부적 감정을 한 번에 털어놓습니다. 이때 폭언, 폭력이 가미되기도 합니다.

감정을 알아차리고 표현하는 일이 어려운 이유는 똑같은 상황을 경험해도 느끼는 감정은 제각각이기 때문입니다. 개개인의 경험세계과 인지적 틀이 다르기 때문이죠. 자녀의 말을 경청하고 효과적으로 공감하기 위해서는 부모가 먼저 자신의 감정을 알아차리고 표현하는 과정을 연습해야 합니다. 이때 드러나는 감정에 대해 어떤 가치적 판단이나 비판도 하지 않는 것이 중요합니다. 또한 다양한 '감정단어'를 습득하는 과정도 필요합니다. 자신의 다양하고 미묘한 감정을 대변할 수 있는 감정단어를 활용하면 효율적으로 감정을 표현할 수 있습니다.

대표적인 공감적 대화법으로는 '나 전달법(I-message)', 그리고 '변증법적 행동치료(DBT; Dialectical Behavior Therapy)'의 'GIVE 기법'이 있습니다.

'나 전달법'은 '나'를 주어로 삼아 자신의 감정을 있는 그대로 솔직하게 표현하는 의사소통 방식을 의미합니다. 반대로 상대방의 행동에 초점을 둔 의사소통 방식을 '너 전달법'이라고 하는데요. '너'를 주어로 삼아 감정을 드러내면 상대의 행동을 평가하거나 비난할 확률이 높기 때문에 자녀와 대화할 때는 되도록 '나 전달법'을 활용하는 것이 좋습니다.

예를 들어 자녀가 어떤 실수를 저지른 상황에서 '너 전달법'으로 말하면 "너 정신이 있는 거야, 없는 거야?" "너 또 왜 그래?" 하고 상대를 탓하기 쉽습니다. 반면 '나 전달법'은 "엄마(나)는 네가 같은 실수를 반복해서 속상해." "엄마(나)는 네가 좀 더 집중하면 좋겠어." 하고 상대의 행동이 자신에게 미치는 영향에 초점을 둡니다.

변증법적 행동치료의 'GIVE 기법'은 '부드러움(Gentle)' '관심(Interested)' '수용(Validate)' '편안한 매너(Easy Manner)'의 약어로 내용은 다음과 같습니다.

1. 부드러움: 무언가를 공격하거나 폄하하는 발언이 아닌 부드러운 언어를 사용한다.
2. 관심: 상대가 말하는 주제에 관심을 보인다. 딴짓을 하지 않는다.
3. 수용: 상대의 상황에 대한 이해와 공감을 표한다.
4. 편안한 매너: 고요하고 편안한 마음을 가지고 대화에 임한다. 유머나 미소를 적절히 이용한다.

'나 전달법'과 'GIVE 기법'을 일상에서 실천해봅시다. 두 기법은 아이의 긍정적인 행동을 격려할 때는 물론이고, 부정적인 행동에 대한 변화를 촉구할 때도 유용하게 쓰입니다. 아이의 행동에 대해 가치 판단은 배제한 채 부모의 감정을 표현합니다. 이때 가능한 구체적인 단어를 사용하면 감정을 전달하는 데 더욱 효율적일 수 있습니다. 마지막으로 기대하는 방향성에 대해서도 이야기합니다.

아이가 저녁식사 자리에서 표정이 좋지 않습니다. "반찬이 이게 뭐야? 안 먹어!" 하고 떼씁니다. 가족의 건강을 위해 나물도 무치고 생선도 구웠는데 아이 반응에 엄마 역시 기분이 상합니다. 평소라면 "내가 얼마나 힘들게 차렸는데 그런 말을 하니? 먹지 마!" 하고 소리쳤겠지만 꾹 참고 심호흡을 하며 잠시 멈춥니다. 마음을 가라앉히고 공감적 대화를 시도해봅니다.

"○○아! 오늘 먹고 싶었던 반찬이 없어서 실망했구나. 힘들게 차린 밥상을 보고 그렇게 말하면 엄마가 무척 서운하다. 먹고 싶은 반찬을 말해주면 다음에 준비해볼게. 그리고 다음부터 특별히 먹고 싶은 메뉴가 있다면 미리 말해주면 좋겠어. 배달을 시켜도 되고 다양한 방법이 있으니까 말이야."

상황에 대한 기술, 자신의 감정표현, 요청사항을 이야기하고 동시에 아이의 의견을 듣고 타협할 수 있는 부분을 열어둡니다. 만일 부모의 이러한 공감적 대화에도 아이가 화를 표출하며 식탁을 떠난다면 잠시 시간을 두고 아이가 자신의 감정을 이야기할 때까지 기다려주세요. 아이의 요구를 곧바로 수용해 원하는 반찬을 재깍재깍 해다 주진 않습니다. 한 끼 정도 굶어도 건강에 치명적인 영향을 미치진 않습니다. 상처받은 부모의 감정도 존중받아야 합니다.

공감적 대화가 일상으로 자리 잡았다면 이제는 아이의 학습습관을 지도할 차례입니다. 이때 부모의 역할은 공부하는 아이의 마음을 공감하며 부모도 함께 목표를 세워 성취과정에 참여하는 것입니다. 사춘기 이전 초등학교 저학년 아이라면 공부는 어떻게 하고, 계획은 어떻게 세워야 하는지 스스로 깨닫기 쉽지 않습니다. 이 시기에는 일방적으로 공부를 시키고 가르칠 게 아니라 부모가 함께 학습에 참여해야 합니다. 고학년이 되면 아이는 자신의 공부방에서 혼자 공부하길 선호하므로, 이 시기에 필요한 공감적 지지는 아이가 공부하는 동안 밖에서 기다려주는 것으로도 충분합니다. 만일 이때 부모가 함께 공부하자며 옆에 자리를 마련하면 자신을 감시하려 한다고 여길지 모릅니다. 그래서 부모가 함께 목표를 세워 공부하는 방법은 저학년일 때 시도하는 것이 좋습니다.

아이의 학습에 부모가 함께하면 소위 '엉덩이 힘'을 키우는 데 많은 도움을 줄 수 있습니다. 공부에 대한 흥미가 조금씩 생기면 40분가량 함께 있는 가족과 말하지 않고 주어진 과제에 집중하는 훈련을 시도합니다. 반복적으로 훈련해 이 시간을 45분, 50분으로 천천히 늘립니다. 초등학교에 입학하면 아이는 40분씩 수업을 듣게 됩니다. 이러한 훈련 없이 수업에 집중하는 것은 생각보다 어려운 일이죠.

수업에 집중하는 습관은 되도록 초등학교 입학 전에, 최소한 초등학교 저학년 시기에 잡아두는 것이 좋습니다. 입학 후에 수업에 집중하지 못하면 수업을 방해하는 아이가 되어 낙인이 찍히거나 교우관계에 악영향을 미칠 수 있습니다. 자기존중감, 효능감 증진 차원에서라도 부모가 이러한 생활습관에 관심을 기울여야 합니다.

영화 〈82년생 김지영〉에서 어린 김지영은 "엄마도 꿈이 있었어?"라고 묻습니다. 엄마는 웃으며 "그럼 있었지. 엄마는 선생님 되는 게 꿈이었어."라고 대답합니다. 어린 김지영은 표정이 어두워지며 "엄마 미안해."라고 이야기합니다. 언뜻 보면 대화의 흐름을 이해하기 힘들지만 이 아이는 '엄마도 꿈이 있었는데 나를 위해 포기했구나.' 하고 생각한 것입니다.

사회적 민감성이 매우 높은 아이는 부모의 표정, 말투에서 무언가를 짐작하곤 합니다. 자신 때문에 엄마가 고생하는 것처럼 느껴질 때 아이는 감사한 마음을 넘어 죄책감을 느끼기도 합니다. 이처럼 기질적으로 사회적 민감성이 높은 아이는 부모의 작은 감정 변화도 예민하게 감지합니다.

상대의 마음을 느끼고 공감하는 것은 하나의 능력이 될 수 있습니다. 하지만 이러한 기질이 과하면 주변 상황에 쉽게 위축될 수 있습니다. 예를 들어 부모에게 미안한 마음이 너무 커서 자신을 귀찮은 존재라고 여길 수 있습니다. 이 부분은 부모가 나서서 풀어야 할 고민입니다. 직접적이고 구체적으로 이야기해 주세요. 자녀가 무엇과도 바꿀 수 없는 귀한 존재라는 것을요.

부모 사이에 갈등이 있다면 보다 세심한 주의가 필요합니다. 아이가 갈등의 원인을 '나'에게서 찾을지 모릅니다. 부모님 사이에 위기가 고조되어 이혼 위기까지 이어지면 아이에게 심리적, 신체적 증상이 나타나기도 합니다. 이런 경우 아이는 '희생양'이 되어 부모 사이에 발생한 위기와 갈등을 종식시키고자 노력합니다. 만일 피할 수 없는 가족 간의 갈등이 발생했다면 아이가 지레짐작해 죄책감을 느끼지 않도록 상황을 잘 설명해주세요. 갈등의 원인이 아이가 아니라는 사실과 부모-자녀의 관계는 변함이 없다는 사실을요.

칼럼이나 신문에서 학업 성취도가 뛰어난 자녀를 둔 부모가 비법을 소개할 때가 있습니다. 학원 한 번 안 보냈는데 아이가 알아서 주도적으로 잘 해냈다는 합격 수기를 듣게 되면 내 아이와는 너무 먼 이야기인 것 같아 맥이 풀리기도 하죠. 물론 학업 성과에 있어서 아이의 학습능력은 중요한 요인입니다. 하지만 아이의 심리적인 문제도 간과할 수 없습니다. 학생이라면 마땅히 늦게까지 공부해야 한다고 생각하시나요? 아니면 늦게까지 열심히 공부하는 아이가 안쓰럽고 대견한가요? 아이의 입장에서 보면 2가지 생각 사이에는 큰 차이가 있습니다.

저녁시간이 되면 대개 하루 종일 힘들게 일한 부모는 휴식을 취합니다. 낮에 힘들게 직장에서 일했으니 자신만의 시간을 즐기는 것이 무엇이 문제냐고 생각할 수 있습니다. 그런데 아직 어리고 예민한 수험생 자녀 입장에서는 생각이 조금 다를 수 있어요. 이성적으로는 이해할 수 있지만 감정적으로는 놀고 있는 엄마, 아빠가 야속하게 느껴집니다. 그런 이유로 어떤 집은 자녀가 공부할 때 TV, 휴대전화 사용을 자제하고 공부하기 좋은 분위기를 조성한다고 합니다. 자녀의 눈치를 보는 것이 아니라 자녀에게 공감하고 배려하기 위함입니다.

때때로 수험생 자녀가 짜증을 내면 "학생이 공부하는 게 당연하지 공부가 유세야?" 하는 말을 툭 내뱉기도 합니다. 논리적으로 따지면 맞는 말이긴 합니다. 그렇지만 공부의 주체가 누구인지, 누구의 본분이고 업무인지 따지는 것은 부모의 역할이 아닙니다. 부모는 직장 상사도, 혹독한 트레이너도 아닙니다. 행동과 말에 대한 가치 판단은 접어둘 필요가 있어요. "그래, 오늘 매우 힘든 하루였구나."라고 말하며 함께 그 상황에 머물러야 합니다.

한참 연년생 두 아이를 키우느라 고군분투하던 시절, 주변에서 제 어려움을 공감하기는커녕 "나 때는 더 힘들었어. 요즘 세상 참 좋아졌지." 하고 말하는 선배 엄마가 있었습니다. "애들 사춘기 오면 지금 힘든 건 아무것도 아니다."라고 찬물을 끼얹는 선배 엄마도 있었죠. 듣는 사람 입장에서 정말 답답하고 무기력했던 기억이 납니다. 아이가 어떤 푸념을 늘어놓으면 저는 그날의 기억을 떠올려 욱하는 감정을 최대한 다스립니다. 그리고 '나라면 어떤 말이 듣고 싶을까?'라는 자기 물음을 통해 아이의 마음에 한 발짝 다가섭니다.

때때로 아이가 힘든 마음을 표현하는 경우가 있습니다. 부모에게 무언가 고민을 털어놓는 이유는 불안한 마음에 위안이 필요하기 때문입니다. 자신의 부끄러운 부분이나 약한 부분을 드러내기에 가장 안전한 대상으로 또래 친구가 아닌 부모를 선택한 것입니다. 얼마나 감사한 일인지 모릅니다. 그런데 아이의 말을 듣다 보면 갑자기 머릿속이 복잡해지기도 하고, 울화가 치밀어 오르기도 합니다. 부모 입장에서는 답이 뻔히 보이는 문제라 답답하기도 하고, 아이가 왜 저렇게 우물쭈물 고민만 하는지 불안합니다.

"야, 자꾸 그런 애들이랑 어울리니까 그런 거야!"

"엄마 말대로 하면 되는데 뭘 그런 고민을 해?"
　"네가 그러니까 자꾸 선생님께 지적받는 거야."

무언가를 판단하고 판결해선 안 됩니다. 아이 입장에서는 내가 잘못한 것이 무엇인지 묻고자 이야기를 꺼낸 것이 아닙니다. 일단 아이가 하는 말을 들어주세요. 그리고 아이가 느꼈을 감정에 대해 질문합니다.

　"와, 진짜야? 장난 아니다. 넌 그 이야기를 듣고 어떤 기분이 들었어?"
　"진짜 열 받았겠다. 그래서 지금은 기분이 어때?"
　"속상했겠네. 지금도 마음이 많이 힘들어?"

고쳐주고 싶은 내 아이의 단점, 약점은 잠시 마음속에 눌러둡니다. 엄마가 살짝 오버해서 공감하면 아이는 "그 정도는 아니야, 뭐. 이제 괜찮아." 하고 말할지 모릅니다. 부모로서 아이에게 정말 꼭 해줘야 하는 훈육의 메시지가 있다면 아이의 말을 충분히 들어주고 공감해준 다음에 전달해도 늦지 않습니다.

실패의 순간에서
다시 시작할 수 있는 아이

처음으로 실패를 경험한 기억은 언제인가요? 많은 분이 대학 입시라고 대답합니다. 그 이전에도 크고 작은 실패를 경험하지만 그러한 실패는 대부분 부모가 나서서 재빨리 해결해주기 때문에, 실질적으로 통제할 수 없는 첫 번째 공식적인 실패는 대학 입시가 되곤 합니다. 인생에서 공부가, 대학이 뭐 그렇게 중요하냐고 하는 분도 있겠지만 일찍 진로가 결정된 경우가 아니라면 대학 입시는 아이 인생에 있어 중대한 성과로 평가됩니다. 오늘날 많은 청년이 수험생 시절을 트라우마처럼 곱씹는 이유이기도 합니다.

부모는 자녀가 '실패 없는 삶'을 살기를 바랍니다. 할 수 있다면 되도록 실패 없이 살기를 바랍니다. 자녀가 실패 없이 성공가도를 달리는 것, 부모라면 누구나 꿈꾸는 이상적인 목표일 수 있습니다. 그러나 자녀가 경험할 크고 작은 실패를 부모가 전부 통제할 수는 없습니다. 유년기까지는 가능할지 몰라도 청소년기 이후에는 불가능한 일입니다.

성공 경험만큼 실패 경험이 중요한 이유는 실패를 극복하는 과정에서 다시 시작할 수 있는 지혜와 용기를 습득하기 때문입니다. 혼자 힘으로 위기를 극복해본 사람은 내성이 생겨 도전을 두려워하지 않습니다. 이러한 '실패 내성(Failure Tolerance)'은 삶을 살아가는 데 있어 굉장히 중요한 역할을 합니다.

마가렛 클리포드(Margaret Clifford)는 '건설적 실패이론(Constructive Failure Theory)'을 통해 실패 경험이 특정 조건에선 오히려 긍정적이고 건설적인 활동을 촉진한다고 주장합니다. 흔히 실패를 경험하면 무기력을 학습한다고 생각하는데 그렇지 않다는 것이죠. 클리포드는 실패를 경험해도 건설적인 태도로 반응하는 경향성을 실패 내성이라 설명합니다. 실제로 실패 내성이 높은 아이는 어떤 과제에 실패하더라도 이를 만회하고자 다시 도전할 가능성이 높습니다.

블록 쌓기 놀이에서 쉽게 아이의 실패 내성을 키울 수 있습니다. 쌓기 어려운 블록을 쌓고 있다고 가정해봅시다. 블록을 쌓는 과정에서 자꾸 무너져버리면 아이는 슬슬 짜증을 냅니다. 이때 어떤 부모는 "왜 그렇게 짜증을 부려! 이리 줘봐." 하고 대신 어긋난 조각을 맞춥니다. 아이가 경험할 실패와 갈등 상황을 사전에 차단하는 것입니다. 이 경우 아이는 실패 내성을 키울 수 없고, 양육에도 좋지 않은 영향을 미칩니다.

아이가 짜증을 낼 때마다 부모가 알아서 갈등 상황을 해결해주는 상황이 반복되면, 앞서 언급한 변동비율강화 효과가 일어날 수 있습니다. 부모로부터 핀잔을 받은 아이 입장에서는 짜증이라는 감정을 부정적으로 인식하는 동시에, 짜증을 내면 어떤 갈등 상황이든 척척 해결된다고 생각합니다. 아이는 자신의 목적을 달성하기 위해 옳지 않다고 생각되는 행동(짜증을 내는 것)을 지속할 수밖에 없고, 동시에 부정적인 행동을 했다는 죄책감을 느끼게 됩니다.

부모를 위한 심리 가이드

역경을 이겨내는 과정에서 사고방식, 현상을 해석하는 인지적 구조는 어떠한 역할을 할까요? 이 질문에 대한 해답을 '귀인(Attribution)'에서 찾아봅시다. 귀인이란 어떠한 결과에 대한 원인을 의미합니다. 자신의 실패에 무력감을 강하게 느끼는 아이들의 공통점을 조사한 결과, 그들은 실패의 원인을 노력

버나드 와이너의 귀인 요소

구분		귀인의 방향	
		내부	외부
안정성	안정	지능	시험 난이도
	불안정	노력	운

이 아닌 지능이 부족해서라고 믿고 있었습니다. 이해를 돕기 위해 귀인의 주요 개념을 간단히 알아보겠습니다. 버나드 와이너(Bernard Weiner)는 귀인의 요소를 4가지 경우의 수로 구분해 설명합니다. 귀인의 방향은 내부와 외부로 나뉘는데요. 내부적 요인은 성격, 태도, 동기, 능력과 같은 것을 의미하고, 외부적 요인은 환경, 운, 시험 난이도와 같은 것을 의미합니다. 그리고 변화되기 어려운 귀인 요소는 안정, 변화되기 쉬운 귀인 요소는 불안정으로 구분합니다.

만일 아이가 실패의 원인을 지능에 둔다면 스스로 바꿀 수 없는 부분이기 때문에 희망이 없고 무기력해질 수밖에 없겠죠. 이러한 이유에서 아이에게 어떠한 결과에 대한 원인의 방향성을 이야기할 때는 주의가 필요합니다. 실패를 딛고 일어날 수 있도록 의지와 노력에 따라 얼마든지 성공할 수 있다는 피드백이 필요합니다. 만일 아무리 노력해도 바꿀 수 없는 일이라면 아이는 실패의 늪에서 빠져나올 수 없을 것입니다.

지능과 달리 '사고방식(Mindset)'은 노력으로 변화할 수 있는 영역입니다. 캐롤 드웩(Carlo Dweck) 교수는 사고방식을 '고정형 사고방식(Fixed Mindset)'과 '성장형 사고방식(Growth Mindset)'으로 구분해 설명합니다. 예를 들어 지능을 변화시키기 어려운 인간의 근본적인 특성이라고 생각하거나, 재능을 훈련의 대상이 아닌 타고난 영역이라고 생각한다면 이는 고정형 사고방식에 기인합니다. 반면 지능을 변화시킬 수 있는 대상이라 여기고 적절한 방식으로 노력하면 성장할 수 있다고 믿는 것은 성장형 사고방식에 해당합니다.

과거 부모 세대에서는 지능을 고정형 사고방식의 관점에서 바라봤습니다. 지능의 범주를 수리능력, 문제를 풀어내는 능력으로 한정 지었기 때문입니다. 하지만 현대에는 다요인설을 기반으로 대인관계 지능, 자기이해 지능, 자연친화 지능 등 지능을 다양한 영역으로 확장시켜 바라봅니다. 성장형 사고방식으로 바라보고 있다고 볼 수 있죠.

드웩 교수의 연구 결과에 따르면 성장형 사고방식을 가진 학생은 고정형 사고방식을 가진 학생보다 성공에 직접적인 영향을 미치는 회복탄력성, 목표지향성, 끈기 등에서 더 높은 성취를 보였습니다. 이러한 사고방식의 차이는 성공과 실패에 따른 주변 사람의 태도, 특히 권위 있는 사람의 반응에 큰 영향을 받는다고 합니다. 교육과 양육의 과정에서 주양육자의 격려는 매우 중요한 역할을 합니다. 아이의 재능과 능력, 결과적 요소에 대해 격려하는 것이 아니라 노력과 과정에 대해 격려한다면 성장형 사고방식을 키울 수 있습니다.

실패해도 다시 일어설 수 있는 사람과 무기력해지는 사람은 무엇이 다를까요? 두 사람의 차이는 회복탄력성에 있습니다. 탄력이란 튀어 오르는 탄성을 의미하는데요, 회복탄력성이 중요한 이유는 아이를 외부적인 실패 요인으로부터 완벽히 보호할 수 없기 때문입니다. 그래서 실패와 역경에도 다시 일어나 뛸 수 있는 힘, 즉 회복탄력성을 키울 필요가 있습니다. 회복탄력성에 영향을 미치는 요인은 매우 다양합니다. 앞서 언급한 자기조절능력을 함양하는 일 역시 회복탄력성을 키우는 데 도움이 됩니다. 부모와의 공감적 대화도 아이가 좌절을 견디는 과정에서 매우 긍정적으로 작용합니다.

삶의 과정을 그래프로 나타내는 '인생곡선' 그리기로 회복탄력성의 근원을 찾아내기도 합니다. 아이가 아직 어려 삶의 시련과 역경을 표기하기 어렵다면 부모가 대신 자신의 삶을 인생곡선으로 표현합니다. 좌절의 경험과 역경을 이겨내는 과정에서 터득한 자신의 강점을 아이에게 들려줌으로써 간접적인 학습이 가능합니다. 가로축은 시간, 세로축은 만족도를 의미하는 그래프를 그려봅니다. 중요한 사건을 그래프에 쭉 나열해 해당 사건에 대한 만족도를 선으로 연결하면 완성됩니다. 바닥을 딛고 다시 일어선 계기가 무엇이었는지, 어떻게 위기에 대처했는지, 어떻게 다음 단계로 넘어갔는지 되짚는 시간을 가져보세요.

시간을 거슬러 과거의 나와 만난다면 뭐라고 이야기해주고 싶나요? 아마 과거의 나와 만난다면 좀 더 자유로워져도 된다고 마음을 편히 먹으라고 위로하겠죠. 혹자

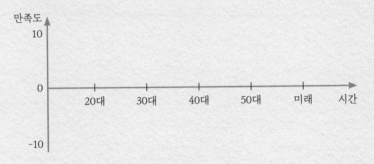

인생 그래프 양식

만족도

10

0

20대   30대   40대   50대   미래   시간

-10

는 아프니까 청춘이라고 하지만, 그 시절의 나는 이미 여러 고민으로 마음이 무척 힘들고 괴로운 상태입니다. 저는 과거의 저를 위로하는 동시에 그때 그 아픔에 충분히 머물러 있어도 된다고 말하고 싶습니다. 목표한 대학에 가지 못해도 괜찮습니다. 취업에 실패해도 괜찮습니다. 그 실패에서 생긴 결핍이 삶을 이끄는 동력이 될 것입니다. 실패를 딛고 일어선 경험, 회복탄력성의 힘을 경험한 사람은 그다음 위기에도 흔들리지 않습니다.

회복탄력성이 중요한 이유는 '외상 후 성장(PTG; Post Traumatic Growth)'에 있습니다. 외상 후 성장이란 삶의 방향성을 상실할 만큼 큰 상처를 극복하면 이전의 수준을 뛰어넘는 성장을 이룬다는 것입니다. 세상에서 제일 귀한 우리 아이를 보고 있자면 앞길에 놓여있는 모든 위험 요소를 제거해서라도 실패 없는 삶을 살았으면 하는 생각도 듭니다. 하지만 상처 없는 성장은 없습니다. 그 과정에서 부모가 해줄 수 있는 일은 다시 도전할 체력을 키우도록 돕는 것, 그뿐입니다.

간혹 상담을 나누다 보면 회복탄력성의 개념에 대해서 오해하는 경우가 있습니다. 어떤 어려운 일을 만났을 때 좌절하지 않는 것을 회복탄력성이라고 생각하는 경우입니다. 회복탄력성은 힘든 일을 마주해도 안전한 방탄조끼가 아닙니다. 고통스럽고 힘들어도 다시 일어설 수 있는 힘에 가깝습니다. 힘들어도 괜찮습니다. 잠시 바닥에 머물러도 괜찮습니다. 그 일을 계기로 이전보다 훨씬 성장할 것입니다. 성장의 과정이 외롭지 않게 자녀의 곁을 지켜주세요.

최고가 아니라
달인이 될 수 있는 아이

직업은 경제활동 수단이기도 하지만 때로는 사회적 지위를 나타내는 지표가 되기도 합니다. 직업에 관한 성찰이 중요한 이유는 부모의 직업관이 자녀의 직업관에 직간접적으로 영향을 미치기 때문입니다. 물론 사회적으로 통용되는 기준과 잣대도 큰 역할을 합니다. 그 결과는 매년 입시를 통해 드러납니다. 최고 인기 학과는 의대, 치대, 한의대, 약대, 수의대입니다. 소위 '사자 직업'에 대한 높은 선호도 때문이죠. 자녀가 높은 성적을 받아 인기 있는 학과에 진학하고, 누구나 알아주고 인정하는 최고의 직업을 갖게 된다면 부모에게도 큰 기쁨일 것입니다.

사회·경제적 지위가 높은 직업을 갖게 된다면 행복할까요? 사실이 질문에 대해 일정 부분은 'Yes'이기도 하지만 동시에 'No'이기도 합니다. 미국의 경제사학자 리처드 이스털린(Richard Easterlin) 교수는 소득이 일정 수준에 도달하면 소득이 증가해도 행복은 더 이상 증가하지 않는다고 이야기합니다. '이스털린의 역설'이라고 불리는 이 이론을 통해 우리는 행복과 소득이 항상 정비례하지는 않음을 알 수 있습니다.

자녀가 진로를 고민하는 과정에서 어떤 조언과 격려가 필요할까요? "네가 아직 어려서 모르겠지만 사회에서는 돈, 명예, 지위가 전부란다." "돈 많이 벌고 안정적인 직업이 최고야." 하는 말은 틀린 말이 아닐지 모릅니다. 하지만 충분한 조언도 아닙니다. 진정한 성공은 무엇일까요? 부모 세대에서는 회사에서 높이 올라가고 고액의 연봉을 받는 사람이 성공을 거머쥔 승자였을지 모릅니다. 그러나 이전 세대에서 '워라밸(Work-Life Balance)'이라는 말을 상상도 할 수 없었듯이 자녀 세대에서 체감하는 성공의 기준은 다를 수 있습니다.

우리 아이에게 올바른 직업관과 성공의 방향성에 관한 해답을 추억의 프로그램에서 찾아보겠습니다. 매주 일요일 저녁 월요병의 우울함을 달래주던 프로그램 〈개그콘서트〉를 기억하시나요? 프로그램의 한 코너로 매주 기상천외한 능력을 뽐내는 '달인'이 등장했습니다. 외줄타기의 달인, 새총 쏘기의 달인, 병뚜껑 연주의 달인 등 놀라운 능력을 뽐내며 탄성을 자아냅니다. 달인이 대단한 이유는 끊임없는 노력으로 만들어낸 결과라는 점입니다. 1만 시간은 족히 연습했을 것 같은 몰입의 결과처럼 보였죠. 사람이다 보니 때로는 실수도 하지만 출연자의 최선을 다하는 모습과 진지하면서도 즐거운 표정은 재미를 주는 요인이 되었습니다.

인고의 시간을 견디고, 열정을 다해 몰입하고, 더 나아가 몰입의 과정에서 진정한 즐거움을 찾는 것. 그 과정에서 경제적인 보상을 넘어 누군가에게 즐거움과 위안이 되는 경지에 이르는 것. 그러한 경지에 도달한다면 진정한 달인이라 할 수 있을 것입니다. 아이에게 말해주세요. 최고가 아니어도 좋다고요. 하지만 달인이 되라고요. 어떤 영역이든 아이가 스스로 달인이 되고자 노력한다면 부모는 더할 나위 없이 뿌듯하겠죠. 그럼 그 과정에서 부모는 어떠한 역할을 해야 할까요?

최고의 경지를 노리는 성취 중심의 삶에서 벗어나 목적의식을 키울 필요가 있습니다. 직업의 사회·경제적 위치가 중요하지 않다는 것이 아니라 그 부분만으로는 부족하다는 뜻입니다. 그럼 여기서 목적의식이란 무엇일까요? 일상의 경험을 통해 알아보겠습니다.

눈이 엄청나게 내려서 차량은 물론 사람도 움직이기 힘든 어느 새벽이었습니다. 아침 출근길이 걱정되어 밖을 내다보는데, 어떤 분이 홀로 눈을 치우고 계셨습니다. 용역업체나 구청 소속 공무원도 아니었는데 홀로 작업을 하고 계셨죠. 누구에게 보여주려는 의도로, 어떤 대가나 인사를 받을 생각으로 베푸는 선행이 아니었습니다.

이웃이 다치지 않고 편히 지날 수 있는 작은 길이라도 마련하고자 하는, 그런 따뜻한 마음이 느껴졌습니다. 사회라는 공동체에 기여할 수 있다는 기대, 만족감이 눈을 치우는 동기는 아니었을까요?

돈이 되는 직업 활동도 아닌데 열성을 다해 새벽부터 눈길을 치워준 그 노고가 큰 위안이 되었습니다. 그러한 목적의식을 우리 아이에게도 심어줄 필요가 있습니다. 어떠한 직업을 가지든, 어떠한 일을 하든 상관없이 직업관의 핵심은 사회에 기여하겠다는 '목적의식'에 있습니다.

일에 있어서 목적의식을 갖는다는 것은 어떠한 의미일까요? 면접장에서 합격을 위해 이야기하는 직업적 소명의식만으로는 부족합니다.

저는 심리이론을 기반으로 마음을 다루는 심리치료사입니다. 현재 서울의 한 한방신경정신과에서 다양한 환자와 만나고 있고 그 대가로 월급을 받고 있습니다. 심리치료사는 사실 고액 연봉자라고 하기에는 어렵고 오히려 배고픈 직업에 가깝습니다. 그럼에도 이 일은 누군가의 삶에 한순간이나마 위안이 될 수 있고, 더 나아가 고통에서 벗어날 수 있는 힘을 찾고 키우는 역할을 합니다. 이러한 목적의식 덕분에 예약된 환자들의 차트를 좀 더 꼼꼼하게 분석해 개개인에 맞는 치료 기법을 적용하고자 노력하고 있습니다.

목적의식은 도덕적이고 윤리적인 차원의 기능뿐만 아니라 그다음 단계로 올라설 수 있는 '몰입'에 가까운 노력을 이끌어냅니다.

어떠한 분야든 목적의식을 가진 인재를 찾으려 하는 이유는 해당 분야를 통달할 수 있는 힘, 어려움을 극복할 수 있는 회복탄력성, 힘든 시기마다 포기하지 않을 끈기가 목적의식에서 발현되기 때문입니다.

부모를 위한 심리 가이드

아이에게 무엇을 바라느냐고 물으면 부모는 보통 아이가 스스로 알아서 했으면 좋겠다고 이야기합니다. 시키지 않아도 앞가림 좀 했으면 좋겠다고 말이죠. 아이가 목표를 눈앞에 두고 실행을 미루는 이유는 무엇일까요? 목표를 세우고 실천하는 일이 익숙하지 않기 때문입니다. 기질적인 문제도 있고 심리적인 요인도 작용하겠지만, 목표를 세우는 단계에서부터 부모가 도움을 준다면 행동 단계에 변화를 줄 수 있습니다.

목표는 특성에 따라 '숙달목표(Learning Goal)'와 '수행목표(Performance Goal)'로 나뉩니다. 숙달목표는 새로운 지식이나 기술을 습득해 능력을 높이는 목표를 말하고, 수행목표는 자신과 타인의 능력을 비교해 유능함을 드러내는 데 초점을 둔 목표를 말합니다. 쉽게 말해 최고를 지향하는 진취적인 아이로 키우고자 한다면 수행목표가 중요하고, 어떠한 일이든 달인이 되도록 키우고 싶다면 숙달목표를 지향해야 합니다.

목표 단계에서의 작은 차이가 결과에서 어떤 차이를 만드는지 알아보겠습니다. 숙달목표를 세우는 경우 과제의 숙달과 이해의 증진에 주안점을 둡니다. 타인의 시선과 상관없이 스스로 얼마나 도전하고 성장하는가에 초점을 두기 때문에 도전적인 과제에도 두려움 없이 도전합니다. 반면 수행목표를 설정하는 경우 자신의 유능함을 드러내는 데 주안점을 둡니다. 학업 성취도로 따지면 결과, 즉 높은 순위에 집중합니다. 한국 사회에서 어떻게 그런 것에서 자유로울 수 있느냐고 반문할 수 있습니다. 맞습니다. 과거에는 상대평가로 성적이 좌우되었죠. 하지만 그러한 현실을 가정에서까지 강조할 필요는 없습니다.

수행목표 중심의 가정교육은 아이를 더욱 아프게 할 뿐입니다. 아이가 만점을 받아도 "너 혼자만 100점이야?" "반에서 몇 명이나 100점이야?" 하고 평가하지 말아야 합니다. 그러면 아이는 자연스럽게 자신의 절대적인 능력이 아닌 타인과 비교하는 평가에 관심을 둡니다. 도전의 기회와 마주해도 성공할 수 있다는 강한 확신이 들 때만 움직일 수 있습니다. 이 경우 도전에 실패하면 자신이 통제할 수 있는 요인이 아닌 외부 요인에서 원인을 찾게 됩니다. 앞서 소개한 귀인 요소에서 안정적이고 변화시키기 어려운 요인에서 원인을 찾는 것과 같은 이치입니다. 시험을 못 보면 노력이 부족해서가 아니라 머리가 나빠서라고 단정 지을지 모릅니다. 그렇게 되면 다음 시험에서 이 아이가 할 수 있는 일은 아무것도 없습니다. 지능은 고정불변이라고 생각할 테니까요. 남보다 앞서가길 바라는 부모의 당연한 마음은 아이에게 너무나 큰 부담이고, 앞으로 나아갈 수 없게 만드는 모래주머니가 될 수 있습니다.

모범생의 삶을 살다가 어떠한 일을 계기로 세상을 등지고 제자리에 멈춰선 사람을 주변에서 쉽게 찾아볼 수 있습니다. 성공할 수 있다는 강한 확신이 줄어들면서 무기력과 우울의 늪에 빠져든 것입니다. 그렇게 되면 수행회피로 이어집니다. 무언가 도전해서 실패하면 무능함을 증명하는 것이 되어버리니 그대로 멈춰 있는 것을 선택합니다.

실제로 아무것도 하지 않고 그대로 멈춰 있는 젊은이가 너무도 많습니다. 왜냐하면 취업을 위해 노력하는 과정은 별로 중요하지 않기 때문입니다. 취업 성공이라는 확실한 결과가 보장되지 않으면 한 걸음도 움직일 수 없는 것이죠. 최고가 될 필요는 없습니다. 과정을 즐기고 노력으로 성취를 쌓아갈 수 있다는 희망을 가진 달인을 꿈꿔야 합니다. 목적의식을 잃지 않는다면 실패와 좌절의 순간에도 다시 일어설 수 있습니다.

실전 연습

공부는 왜 해야 할까요? 대학은 왜 가야 할까요? 하고 싶은 재미있는 일은 왜 어른
이 될 때까지 참아야 할까요? 오늘도 차 안에서 불만이 가득한 아이가 연속으로 왜,
왜, 왜를 이야기하며 폭격을 시작합니다. 마침 꽉 막힌 도로에서 지루했던 참이라
아이와 토론을 시작합니다.

"너희들이 만약에 회사를 경영하고 있고 직원을 뽑아야 하는 상황이야. 그
럼 어떤 사람을 직원으로 채용하고 싶어?"

"당연히 일 잘하고 성실한 사람이지."

"지원한 서류와 면접만으로 사람을 뽑아야 하는데 성실함은 어떻게 알 수
있을까?"

"얼굴을 보면 알 수 있지 않을까?" 하고 한 아이가 말하자 다른 아이가 "무슨
소리야! 잘생긴 사람이라고 다 성실하냐? 당연히 좋은 대학교 나온 사람을
뽑지!"

"그런 면도 있지. 취직 전에는 학생이었잖아. 보통 좋은 학교를 가려면 성적
이 좋아야 하고, 성적이 좋으려면 성실해야 하니까 좋은 학교를 나오면 성
실하다고 보는 거야. 그럼 너희가 사장이라면 좋은 대학 나온 사람을 뽑을
거야?"

"공부를 열심히 해도 시험을 못 봐서 좋은 대학에 못 갈 수도 있잖아."

"맞아. 그런 경우도 있어. 성실하지만 가정환경에 따라 공부할 시간이 없을 수도 있고. 하지만 면접장에서는 한 사람 한 사람에 대해 깊이 알아볼 여유가 없을 거야."

"아, 복잡해. 모르겠어. 그럼 그냥 좋은 대학 나온 사람이 일도 잘하겠지."

"그래서 예전에는 직원을 뽑을 때 학벌로 그 사람을 평가하곤 했어. 그 방식이 맞다고 할 순 없지만 사람의 성실함을 예측할 수 있는 척도가 따로 있는 것도 아니라서 대안이 없었던 거야. 그런데 연구하는 사람이 아니라 물건을 판매하는 사람을 뽑는다면 과연 학교 성적이 중요한 요인일까?"

"그럼 성적보다 친절한 게 중요하지!"

"그래, 어떤 직업인지에 따라서 직무 수행에 필요한 특성이 달라. 그래서 그런 것과 상관없이 성적이 좋으면 무엇이든 잘한다고 판단하는 건 잘못되었다고 생각해."

진로와 적성을 탐색하는 과정에서 아이는 특정 직업과 근로환경에서 요구하는 특성을 파악하고 자신에게 최적화된 직업에 대해 고민하게 됩니다. 어느 정도 알 건 아는 똑똑한 아이에게 일방적으로 "세상이 이러니까 무조건 공부를 잘해서 좋은 학교에 가야 한다."라고 주장하기에는 어려움이 있습니다.

부모가 바라보는 사회적 현실과 아이가 고민 중인 진로관이 다를 수 있습니다. 그렇기에 열린 대화를 통해 의견을 나눠야 합니다. 아이가 관심을 두고 있는 진로가 있다면 어떤 이유에서 흥미를 느끼는지, 그 분야에서 일하기 위해 어떠한 것이 필요한지 함께 이야기를 나누는 것입니다. 만약 장래희망이 학자인데 꾸준히 학습하고 연구하는 절차를 견디지 못한다면 어떠한 부분을 수정하고 보완해야 할지 교육할 필요도 있겠죠.

●

실수 없는 아이가 아니라
사과할 용기를 가진 아이로

2012년부터 각 시도 교육청에서는 매년 2회씩 정기적으로 학교폭력 실태조사를 진행하고 있습니다. 2022년 1차 조사 결과에 따르면 '언어폭력'의 비중이 가장 높게 나타났고, 초등학교와 중학교는 '신체폭력'이, 고등학교는 '집단따돌림'이 높게 나타났습니다.

학교폭력위원회로 회부된 문제들을 살펴보면, 심각한 문제도 물론 있지만 갈등 초기에 대화로 충분히 풀 수 있는 문제도 있어 아쉬움을 자아냅니다. 아이를 키우다 보면 친구와의 관계에서 종종 분쟁이 벌어지고 아이에게 사과하는 방법을 가르쳐야 하는 상황이 생깁니다. 그럴 때 어떤 부모는 마주보고 사과하라며, 심지어는 "자, 서로 한 번씩 안아줘."라고 화해를 종용합니다. 과연 강압적인 사과와 화해로 아이들의 마음이 풀릴까요? 아이들은 정말 하기 싫은 표정으로, 정말 억울한 표정으로 영혼 없이 사과를 주고받습니다.

이렇게 부모의 권위로 화해를 강요하고 갈등을 해결하는 방식이 언제까지 통할까요? 아무리 늦어도 초등학교 5학년 정도만 되면 통하지 않습니다. 표면적이고 강압적인 사과와 화해에 익숙해진 아이는 훗날 부모에게도 "알았어요, 알았어! 죄송해요. 이제 됐죠?"라고 대응할지 모릅니다. 감정을 풀지 않고 그냥 말로만 사과하면 해결된다고 믿는 것은 어떻게든 갈등 상황을 끝내고 싶은 어른의 욕심일지 모릅니다.

누군가를 온 마음을 다해 미워해본 적이 있나요? 저도 그런 경험이 있습니다. 그때 여러분의 마음은 어땠나요? 저는 그 시간이 지옥처럼 느껴졌습니다. 초자아의 기능이 강한 사람이라면 도덕적인 감독관 입장에서 자신의 감정을 평가해 죄책감을 느끼기도 합니다. 상대가 미운 것도 미운 것이지만 한편으로는 상대의 상황을 이해하고 싶은 마음도 양립합니다.

만약 회사 사정이 어려워져서 열심히 일을 하고도 급여를 받지 못하면 어떤 감정이 들까요? 사장님에게 무척 화가 날 것 같습니다. 그런데 문득 평소에 잘해주던 사장님의 인자한 얼굴이 떠오릅니다. 급여를 받지 못해 화가 난 마음과 사장님에 대한 동정심이 양립해 마음에 혼란이 찾아옵니다. 회사를 떠날 결심을 한 자신이 의리 없는 사람처럼 생각되기도 합니다. 그럼에도 억울하고 화나는 마음은 내 안에 그대로 남아 있겠죠.

미움의 대상이 남이라면 그나마 괜찮습니다. 그런데 그 대상이 부모라면 어떨까요? 생각보다 많은 분이 성인이 되어서도 부모와의 관계에서 얻은 상처를 잘 다루지 못해 심리적 어려움을 겪습니다. 분명 잘못은 부모에게 있는데 자신을 낳고 기른 뿌리와도 같은 존재이기에 죄책감이 크게 자리 잡습니다. 그들을 미워하는 것 자체가 불효라고 스스로 평가하기도 합니다. 이러한 죄책감 때문에 때로는 그들이 잘못할 수밖에 없었다고 정당성을 부여하기 위해 노력합니다.

누군가를 미워하는 일, 특히 그 화살을 가족에게 겨냥하는 지옥과 같은 상황에서 벗어날 수 있는 방법은 '진심 어린 사과'를 하는 것입니다. 미움이 쌓이지 않도록, 억울함이 돌덩어리처럼 굳지 않도록 아이의 마음을 헤아려주세요. 회피하지 말고 상황을 있는 그대로 설명하고 부모의 감정을 표현해주세요. 그다음 마음을 다해 정말 미안하다고 이야기하면 됩니다. 상황을 설명한다는 것은 변명을 하거나 조건을 다는 것이 아닙니다. 또 "상처를 줄 의도는 없었지만 그랬다면 미안해."와 같은 사과는 사과가 아닙니다. 이 방식을 아이가 사과라고 학습한다면 교우관계가 악화될 수도 있습니다.

"엄마가 오늘 밖에서 안 좋은 일이서 그런지 오늘따라 화를 너무 많이 냈네. 소리를 질러서 미안해. 그리고 나니까 엄마도 기분이 무척 좋지 않더라고. 너도 그랬을 것 같아. 상처를 준 것 같아서 정말 미안해. 다음부터는 화내지 않고 서로 이야기를 나눠보도록 하자."

이와 같이 진심 어린 사과를 받으면 상대의 입장에 대해 생각해 볼 수 있는 마음의 문이 열립니다. '아 그랬구나.' '평소보다 더 예민했던 이유가 있었구나.' '날 싫어해서 그런 건 아니구나.' 등 여러 생각이 아이의 머릿속에 오갑니다. 단순히 상대의 감정을 그대로 빨아들이는 것이 아니라 상대의 입장을 분리해서 생각하는 과정을 거칩니다.

과거에 부모와 겪은 갈등을 미해결 과제처럼 마음속에 담고 사는 경우가 많습니다. 그럴 때는 한 번쯤 미워하는 감정이든 원망이든 마음속 깊이 잠자고 있던 부정적인 감정을 꺼내서 다룰 필요가 있습니다. 부정적인 감정을 억누르는 것이 아니라 그럴 수밖에 없었던 내 자신을 있는 그대로 감싸고, 그러한 감정을 드러내도록 허용해주는 것입니다. 처음에는 매우 불편하게 느껴지겠지만 그러한 감정이 익숙해지면 차츰 상대의 입장을 고려하게 됩니다. 과거에는 부모에게 상처받았던 어린 자아가 상처의 주체였다면, 이제는 성숙한 어른 자아가 주도권을 가지고 아픔을 다룹니다. 불편한 감정을 스스로 통제하고 제어할 수 있다는 유능감을 느껴야만 비로소 완벽하지 않았던, 나약했던 부모를 용서하는 단계에 이릅니다. 물론 이 과정이 말처럼 쉽지만은 않습니다. 혼자 해내기 어려울 수 있으니 전문가에게 도움을 청하는 것도 좋습니다.

내 아이에게 부모에 대한 이미지가 항상 긍정적이라면 좋겠지만 현실적으로 가능성은 낮을 것입니다. 아이를 양육하는 과정에서 당연히 아이의 욕구와 충돌하게 되는 순간을 맞이하게 되니까요. 늘 완벽할 수는 없습니다. 그 과정에서 잘못된 것이 있다면 사과해 주세요. 아이가 그 마음을 받아 용서하는 순간, 아이 역시 수용을 배우고 더 나아가 죄책감이라는 무거운 짐을 덜어낼 것입니다.

부모를 위한 심리 가이드

상대와 나의 의견이 다른 상황이라면 어떻게 하시나요? 갈등 해결 유형은 크게 5가지로 구분합니다.

첫째, 경쟁대립형입니다. 목표를 이루기 위해 자신의 입장을 고수하고 상대를 압도하는 방식으로 갈등을 해결합니다. 둘째, 회피보류형입니다. 갈등 상황을 피하려는 태도라 할 수 있습니다. 갈등에 대한 자신의 관심뿐만 아니라 상대의 관심까지 무시해 버리는 것이죠. 셋째, 양보순응형입니다. 자신의 의견, 주장보다 타인과의 관계를 중요시하는 유형입니다. 양보라고 하면 미덕인 것처럼 보일 수 있지만 사실은 타인의 만족을 위해 자신의 욕구를 좌절시키는 태도에 해당합니다. 넷째는 타협절충형입니다. 자신의 기대와 타인의 기대를 조정해 차선의 해결책을 모색하는 유형입니다. 다섯째는 협동형입니다. 협동형은 갈등의 발생을 당연하다 생각하고 토론과 상호교류를 통해 모두의 관심사를 만족시킬 수 있는 방안을 찾아내는 방식입니다.

너를 위해 내 것을 양보해 갈등을 해소하려 한다면 양보순응형이라 할 수 있고, 나의 것을 조금 희생하고 너의 것을 조금 희생해서 중간 지점을 찾는다면 타협절충형이라 할 수 있습니다. 협동형은 너와 나의 욕구를 모두 충족시킬 수 있는 새로운 방향성이 있다고 믿는 것입니다.

만일 친구와 점심 메뉴를 정하는 상황이라고 가정해봅시다. 나는 떡볶이를 먹고 싶고 친구는 자장면을 먹고 싶다고 합니다. 경쟁대립형이라면 끝까지 떡볶이를 먹도록 대립할 것이고, 이 과정에서 어쩌면 상대를 공격해서 압도하려 하겠죠. 매번 자장면을 먹자고 밀어붙일 수도 있습니다. 회피보류형이라면 메뉴에 대한 대화가 나오는 것 자체를 피하게 될 수 있습니다. 양보순응형이라면 떡볶이를 먹자고 하면 싫어할 수 있으니 그냥 자장면을 먹으러 갈 것입니다. 타협절충형은 내가 원하는 건 떡볶이이고 너가 원하는 건 자장면이니 둘 다 양보해서 오늘은 치킨을 먹는 방식을 제안합니다. 마지막으로 협동형은 떡볶이도 먹고 자장면도 먹을 수 있는 푸드코트로 가자고 합니다.

여러분은 주로 어떤 갈등 해결 유형을 사용하시나요? 이 부분은 개인차가 존재하지만 한 가지 유형만을 고수하는 것은 바람직하지 않습니다. 그럼 가장 좋은 갈등 해결 유형은 무엇일까요? 사실 정답은 없습니다. 상황에 따라, 나의 욕구 정도에 따라 현명하게, 자유롭게 선택하면 됩니다. 갈등 해결 유형과 나의 성향을 알고 있다면 상황에 맞는 대처방법을 찾는 데 도움이 될 것입니다.

아이에게 사과하는 방법을 가르치려면 어떻게 해야 할까요? 정답은 간단합니다. 부모가 먼저 올바르게 사과하는 모습을 보여야 합니다. 이전 부모 세대는 미안하다는 말에 서툴렀다고 합니다. 다행히 요즘 부모 세대는 생각보다 사과를 자주 합니다. 하지만 사과를 할 때 주의해야 할 점도 있습니다. 직장을 다니게 되어서 미안하고, 준비물을 못 챙겨줘서 미안하고, 좋은 것을 못 사줘서 미안하고, 심지어 입시 정보를 못 알아 와서 미안합니다. 그런데 이러한 이유로 하는 사과는 오히려 아이를 혼란스럽게 할 수 있습니다. 미안하다는 말이 정말 잘못에 대한 사과의 표현인지, 그저 변명인지 알 수 없으니까요. 위에 열거한 내용은 엄밀히 말해서 자녀에게 미안해 할 일이 아닙니다. 이러한 부분까지 사과한다면 아이가 힘들 때마다 모든 일을 부모 탓으로 돌릴 수 있어요.

부모의 안쓰러운 마음을, 죄책감으로 인한 복잡한 감정을 풀어내는 용도로 미안하다고 사과해선 안 됩니다. 사과는 자신의 의지를 굽히고 신념을 부정하는 상황에서 위기를 모면하기 위해 사용하는 무기가 아닙니다. 그러니 부모가 사과에 대한 기준을 세우고 일관성 있게 지켜나갈 필요가 있습니다.

1. 사과는 정말 필요한 순간에 한다.
2. 사과는 진심을 담아서 진정성 있게 한다.
3. 사과는 미루지 말고 신속하게 한다.

작은 실수라도 아이에게 무언가 잘못을 했다면 마음을 담아 사과해주세요. 부모가 잘못을 인정하지 않고 뻔뻔한 태도를 고수한다면 아이는 미움이라는 씨앗을 키울지 모릅니다. 부모가 자신의 잘못을 인정하고 진심 어린 사과를 한다면 우리 아이는 곧 서운한 감정을 풀고 너그러이 용서해줄 것입니다. 동시에 부모를 원망하면서 가진 죄책감에서도 벗어나게 됩니다.

미움의 씨앗을 키우고, 그 미움에 정당성을 부여해 죄책감을 덮어버리는 단계까지 가지 않도록 감정의 응어리는 될 수 있으면 빠르게 풀어주세요. 그 과정에서 아이 역시 사과하는 방법을 배우고, 타인과의 갈등 상황에서 감정을 조율하는 방법을 배울 것입니다.

부모로서 존재하는
것만으로도 충분합니다

오늘 하루는 어땠나요? 역시 쉽지 않은 하루였습니다. 할까 말까 망설였던 말을 참지 못하고 쏟아내 아이와 관계가 나빠지는 날도 있습니다. 하지만 괜찮습니다. 책에 나열한 실전 연습대로 일이 풀리지 않아 힘든 날도 물론 있겠죠. 그래도 괜찮습니다. 이렇게 마지막까지 포기하지 않고 노력하고 있으니까요. 눈에 보이진 않지만 나의 감정의 흐름을 있는 그대로 바라보고, 나의 말과 행동의 방향성을 알아차리는 것만으로도 변화는 이미 시작되었습니다. 더 나아가 이제 우리 아이가 보내는 작은 목소리에 귀를 기울일 수 있게 되었습니다.

아이와 함께 시간을 보내다 보면, 행동에서 드러나지는 않지만 아이 마음속에 강렬히 내재되어 있는 어떤 메시지를 느낄 때가 있습니다. 어느 날은 시키지 않은 설거지를 해놓기도 하고, 때로는 학교에서 있었던 무용담을 거들먹거리며 늘어놓기도 합니다. 아이의 그러한 행동에서, 그러한 말에서 간절하게 듣고 싶은 말이 느껴집니다.

나를 인정해주세요.

한동안 유행어처럼 "인정!"이란 말이 아이들 사이에서 쓰였습니다. 이렇게 가벼운 마음으로 자주 외치는 '인정'을 사회에서 누군가에게 받았던 기억이 있으신가요? 인정받은 기억에 대해 물으면 보통은 많지 않다고 말합니다. 그럼 과거의 기억을 떠올려봅시다. 가족 구성원에게 인정받았던 경험을 말이죠. 아버지, 어머니, 때로는 형제자매에게 인정받았던 순간이 있나요? 학교 다닐 때 성적이 좋았다면 학업 성취도라는 성과에 따라 인정받은 경험이 있을 거예요.

그렇다면 내가 내 자신을 인정해준 기억이 있나요? 많은 경우 의미 있는 타인, 즉 가족에게 받은 인정의 기준에 따라 자신을 평가합니다. 그 기준에 부합하면 자기 자신을 인정하고, 그렇지 않으면 스트레스를 받습니다. 부모에게 성적이 좋을 때 인정받았다면 자기 자신도 성적이 좋을 때 스스로를 인정합니다. 이름 있는 회사에 취업했을 때 인정받았다면 자기 자신도 그러한 조건에 따라 평가하고 비로소 인정합니다. 그렇기에 원가족과의 관계에서 경험했던 인정과 존중의 가치 조건을 곰곰이 생각해볼 필요가 있어요. 자녀와의 관계를 돌아보는 데 도움이 될 것입니다.

사실 가정과 사회에서 내세우는 요건과 기준을 모두 충족한다는 것은 거의 불가능한 일입니다. 완벽히 만족할 만한 성과를 거두기란 쉽지 않습니다. 그렇지만 적어도 자기 자신만큼은 스스로에게 관대해야 합니다. 외부 조건과 상관없이 존재 자체만으로 존중하고 인정할 필요가 있습니다.

부모 입장에서도 마찬가지입니다. 자녀에게 무언가 많이 해주는 부모, 감정 조절을 잘해서 아이와 관계가 원만한 부모만이 훌륭한 부모는 아닙니다. 그저 아이를 잘 양육하고 바른 방향으로 교육하고자 하는 그 마음만으로도 충분합니다. 지금, 여기에 부모로서 존재하는 것만으로도 스스로에게 인정하고 존중하는 마음을 표현해주세요.

오늘도 아이에게 화를 냈습니다. 하지만 자신의 감정이 아이에게 표출된 사실을 알아차리고 올바른 방향성을 인식했다는 점에서 스스로를 인정하고 격려해주세요. 어떠한 조건도 없이, 있는 그대로 괜찮습니다. 나를 이해하고 존중하는 마음을 담아 나에게 힘을 줄 수 있는 한마디를 떠올려보세요. 언제 들어도 위안이 되는 한마디면 좋겠습니다. 영혼 없는 주변인의 힘내라는 백 마디 말보다 내가 내 자신에게 해줄 수 있는 의미 있는 한마디가 더 큰 힘을 발휘합니다.

오늘도 이렇게 포기하지 않았구나, 장하다!

우리 아이를 위한 첫 심리학 공부

초판 1쇄 발행 2023년 11월 10일

지은이 | 이경민
펴낸곳 | 믹스커피
펴낸이 | 오운영
경영총괄 | 박종명
편집 | 이광민 최윤정 김형욱 김슬기
디자인 | 윤지예 이영재
마케팅 | 문준영 이지은 박미애
디지털콘텐츠 | 안태정
등록번호 | 제2018-000146호(2018년 1월 23일)
주소 | 04091 서울시 마포구 토정로 222 한국출판콘텐츠센터 319호(신수동)
전화 | (02)719-7735   팩스 | (02)719-7736
이메일 | onobooks2018@naver.com   블로그 | blog.naver.com/onobooks2018

값 | 18,000원
ISBN 979-11-7043-465-8 03590